黄土高原典型流域坡面植被对水循环要素的影响研究

吕锡芝　左仲国　主编

黄河水利出版社

· 郑州 ·

内 容 提 要

本书以黄土高原典型流域林草生态系统为研究对象,通过野外观测、控制试验、统计分析、模型模拟等技术手段,揭示了降水在植被垂直层次传输和组分转换的规律,定量评估了植被结构对降水输入、输出过程的影响;揭示了草地植被对坡面产流调控的机制,确定了产流过程变化下的草地植被覆盖度临界阈值;建立了植被结构参数单因子、多因子与水循环要素之间的响应关系模型;构建了考虑植被结构变化的动态水文过程模拟方案。为进一步丰富生态水文学理论提供了数据及技术支撑,为科学制定该区域的水资源与水土保持管理对策提供了理论支撑。

本书可供从事水利、水土保持、水文水资源、生态与环境、地理等方面的科研工作者及高等院校师生阅读使用,也可供河流管理与治理的工程技术人员参考阅读。

图书在版编目(CIP)数据

黄土高原典型流域坡面植被对水循环要素的影响研究/吕锡芝,左仲国主编. —郑州:黄河水利出版社,2020.5
ISBN 978 - 7 - 5509 - 2642 - 4

Ⅰ.①黄…　Ⅱ.①吕…②左…　Ⅲ.①黄土高原 - 流域 - 边坡 - 植被 - 影响 - 水循环 - 研究　Ⅳ.①P339

中国版本图书馆 CIP 数据核字(2020)第 065234 号

出 版 社:黄河水利出版社　　　　　　　　　　　　　网址:www.yrcp.com
　　　　地址:河南省郑州市顺河路黄委会综合楼 14 层　　邮政编码:450003
发行单位:黄河水利出版社
　　　　发行部电话:0371 - 66026940、66020550、66028024、66022620(传真)
　　　　E-mail:hhslcbs@ 126. com
承印单位:河南瑞之光印刷股份有限公司
开本:787 mm × 1 092 mm　1/16
印张:7.5
字数:173 千字　　　　　　　　　　　　　　　　印数:1—1 000
版次:2020 年 5 月第 1 版　　　　　　　　　　　印次:2020 年 5 月第 1 次印刷

定价:48.00 元

《黄土高原典型流域坡面植被对水循环要素的影响研究》编委会

主　编　吕锡芝　左仲国

参　编　陈戎欣　王贺年　张海强

　　　　纪惠强　贺俊斌　潘振宇

前　言

　　水文循环是地球上最重要的物质循环之一,水文循环过程涉及多圈层(大气圈、水圈、岩石圈、土壤圈和生物圈)与多要素(降水、截留、下渗、径流和蒸发),是一个处于普遍联系中的复杂自然过程。植被作为生态系统的重要组成部分,通过蒸腾耗水维持地表水、土壤水和大气水之间的平衡,是自然界物质转化的中心环节和可见标志,也是地球系统中大气圈、生物圈、水圈和土壤圈相互联系的枢纽,在区域水生态平衡健康发展中起到至关重要的作用。

　　近年来,水资源短缺的问题已成为制约黄土高原地区经济和社会发展的瓶颈问题,同时也是限制干旱和半干旱地区生态系统中植被分布和生物多样性的关键因子。作为最大的陆地生态系统,植被对水分循环的调节作用是巨大的,它影响着水量平衡的每个环节。在水资源匮乏的黄土高原地区,植被维持自身生长就需要不断地蒸腾耗水,而植被种类、数量和结构的不合理会造成黄土高原地区的水资源不能满足植被的正常生长所需,这就导致了水资源的长年短缺并伴随着生态环境逐年退化的恶性循环。

　　在植被与水文循环过程之间,具有复杂的响应关系和相互作用,关键影响过程和功能大小也有时空尺度变化和区域差异,而目前科学认识仍不统一。植被如何对黄土高原地区的水资源形成过程进行调控;其对水循环要素的影响量有多大;不同草地植被覆盖度下,坡面产流过程发生变化的内在原因到底是什么;当坡面产流过程发生突变时,临界草地植被覆盖度阈值又是多少。这些问题都严重制约着水土保持及水资源管理的科学决策。针对上述问题,本书开展了一系列研究,以期能为该地区的水资源综合管理和水土保持生态建设工作提供一定的理论指导和技术支撑。

　　本书共分为8章,第1章介绍坡面植被对水循环过程的影响研究进展及研究区概况;第2章介绍坡面植被对降水输入过程的影响;第3章介绍坡面植被蒸散发规律研究;第4章介绍森林植被对径流过程的影响;第5章介绍草地植被对坡面径流过程的影响;第6章介绍草地植被对坡面流水动力学参数的影响;第7章介绍草地植被覆盖度调控径流阈值分析;第8章介绍植被结构变化下的坡面水文过程模拟。

　　本书的编写人员及编写分工如下:吕锡芝编写第1章、第6章的第1节、第7章的第1节,约5万字;纪惠强编写第2章,约3万字;贺俊斌编写第3章,约3万字;潘振宇编写第4章,约3万字;张海强编写第5章及第6章的第2节,约5万字;陈戎欣编写第7章的第2节;王贺年编写第8章。全书由吕锡芝、左仲国统稿。

　　本书在国家自然科学基金项目"黄丘区草被对坡面产流过程的调控机制及临界研究"(41601301)、中央级公益性科研院所基本科研业务项目"黄丘区典型流域植被对水循环典型要素的影响研究"(HKY – JBYW – 2016 – 04)等科技计划项目资助下完成。本书包含了作者在北京林业大学(2011~2013)攻读博士学位,以及在黄河水利科学研究院工作期间(2013～2018)的部分研究成果。感谢博士导师余新晓先生,黄河水利科学研究院姚文艺教高、肖培青教高、杨春霞教高、孙娟高工等专家学者在不同阶段给予的指导,也感谢参与此项目的所有科研人员的贡献。

由于本人水平有限,书中不足之处在所难免,恳请读者不吝赐教。

编　者

2020 年 3 月

目　录

第 1 章　绪　论

1.1　坡面植被对水循环过程的影响研究进展

1.1.1　森林植被对水循环过程的影响研究进展

国外研究森林与水的关系始于 20 世纪初,森林水文学早期的研究主要关注的是森林砍伐后对流域径流的影响,1900 年在瑞士埃曼托尔山地的两个对比小流域试验是这一类研究的开端,也是现代试验森林水文学的开端(王礼先,张志强,1998)。20 世纪 60 年代 Bormann 和 Likens 创立了将森林水文学与森林生态系统的定位研究相结合的森林小集水区试验技术法,从森林生态系统的结构与功能角度来阐述森林水分运动规律和机制(Likens et al.,1977)。20 世纪 90 年代以后,森林水文学的研究更加强调水文过程与生态学过程的耦合机制及其尺度效应(Brown et al.,2005)。21 世纪初期,森林生态水文学作为一门边缘学科逐渐兴起,它主要研究森林生态学和水文学的交叉领域,是描述生态格局和生态过程水文学机制的科学(赵文智,王根绪,2002)。

森林生态水文过程包括林冠截留、枯落物截留、土壤水分运动、植被蒸腾、枯落物蒸发、土壤蒸发和地表径流等,阐述了森林生态系统的各个功能层次之间的水分分配和运动过程。该类研究开展时间比较早,并且取得了一定的研究成果,为探讨水分在森林生态系统中的运动过程机制提供了依据。近年来出于对森林生态水文过程的机制研究和森林生态水文过程影响因素研究的迫切需求,对森林生态水文的研究越来越受到其他相关学科的关注(王礼先,张志强,1998)。下面具体介绍森林植被对水文过程的影响研究进展情况。

1.1.1.1　森林植被对降水输入过程的影响

1. 林冠层对降水输入过程的影响

林冠层是大气降水进入森林冠层所接触到的第一个作用层,也是对森林水分物质循环影响最大的一个作用层次,传统意义上所说的森林林冠对于水文过程的影响就是指乔木冠层对于水文循环过程的影响。林冠截留是一个极为复杂的过程,涉及林冠湿润、冠层截留、林冠蒸发等多个过程,因此一般不直接测量林冠的截留量,而是利用水量平衡公式间接求得,公式的表达形式为 $P_i = P - P_s - P_t$,其中,P_i 为林冠截留量,P 为林外降雨量,P_s 为树干茎流量,P_t 为林内穿透降雨量(贺淑霞等,2011)。

树干茎流在森林对降雨水量分配中所占的份额很小,一般占林外降雨的比例为 0 ~ 5%,影响树干茎流量大小的主要因子有 2 个方面:一方面为降雨量、雨强等降雨特征因子;另一方面为树皮粗糙度、树干胸径、树枝分枝角度等植被结构特征因子。首先,降雨量大小对树干茎流的产生具有决定作用,从现有的有关树干茎流研究结果来看,研究者普遍认为需要达到一个特定的降雨量,树干茎流才会产生,但不同区域、不同树种对于树干茎流产生所需要的最小降雨量影响很大,这个降雨量的最小值的波动范围大概在 2 ~ 10 mm。多数研究者证明了树干茎流量与降雨量之前存在直线相关关系,同时树干茎流量会随着雨强的增大而增大(杨茂瑞,1992);此外,树干胸径因为对树皮表面积有直接影响,因此也会对树干茎流的大小产生影响(巩合德等,2008)。

根据现有的研究来看,湿润地区的林冠截留量一般占大气降雨量的10% ~30%,干旱少雨地区的林冠截留量一般占大气降雨量的40% ~50%(王文等,2010)。影响林冠截留大小的主要因子有 2 个方面:一方面为林外气象因子,特别是降雨量、降雨雨强;另一方面为林冠结构特征,如叶面积指数、树高胸径、郁闭度等。研究表明林冠截留量与林外降雨量一般呈正相关关系,但当降雨量达到某一特定值后,林冠截留量的增长幅度会逐渐变小(孔繁智等,1991)。有关北京地区典型森林树种侧柏、栓皮栎、油松、刺槐的林冠截留过程的研究已经比较丰富(李佳,2012;史宇,2011),都对乔木冠层的穿透降雨、树干茎流、林冠截留水量进行了定量分析,但很少有研究关注林下灌木层、草本层的截留情况。

2. 枯落物层对降水输入过程的影响

枯落物作为森林生态系统的第二个水文作用层,参与森林生态系统的物质和能量循环,对森林生态系统的水文过程和水源涵养功能具有重要的影响。枯落物层吸水能力的大小与枯落物的厚度和本身的特性有着密切的关联,一般来讲枯落物的吸水率是其自身干重的 2 ~ 3 倍,部分阔叶树种则可以达到 4 倍以上,枯落物对于降雨的截留量一般在 20 ~ 90 mm 范围内(工佑民,2000)。以往有关枯落物截留能力的研究主要有 2 种方法(赵艳云等,2007):基于浸泡法测定枯落物最大持水量、最大持水率、持水过程,这种方法虽然部分反映了枯落物层调蓄降雨的能力(万丹等,2010;张振明等,2005),但这种充分供水的测定结果并不能完全体现出自然降雨条件下枯落物的截留特征和截留过程;利用人工模拟降雨试验称量筛网中枯落物重量,测定枯落物对降雨的截留量,然而由于天然降雨时空变异性较大,人工模拟降雨条件下的研究并不能完全反映自然降雨条件下枯落物截留的真实情况(高人等,2002;李学斌等,2011)。

3. 土壤层对降水输入过程的影响

土壤水是联系地表水与地下水的纽带,在水资源形成、转化与消耗过程中是不可缺少的成分,是水文学中产汇流理论研究的基础,也是森林生态系统的"土壤水库"(马雪华,1987)。土壤入渗是水文学领域中研究最为广泛的问题之一,从界面产流理论上反映了降水通过大气界面进入水文循环最为重要的调节层的能力,它指的是降水、径流等地表水通过土壤孔隙进入土壤中转化为土壤水的过程,是"四水"转化的重要环节,对流域径流的产生、水土流失、植被生长等森林生态系统过程均具有重要的调节作用(王金叶等,2008)。土壤入渗包括侧向与垂直 2 个方向的二维运动,包括地表水通过土壤孔隙垂直进入土壤的过程,以及水分沿土壤孔隙向周围和深层扩散的过程;按土壤入渗速率的不同,其入渗过程主要分为 3 个阶段:快速深润期、渗漏期和稳渗期。野外测定土壤入渗的方法有许多,如双环试验法、环刀法、渗透仪法、钻孔法等(Dunkerley,2002;雷廷武等,2005)。大多数土壤入渗试验的研究结果均表明,森林植被的根系、枯落物,以及土壤内动物、微生物等均对林下土壤有良好的改良作用,森林土壤的孔隙度(特别是非毛管孔隙度)要明显

地高于其他土地利用类型,因此森林土壤具有更好的土壤入渗能力(Dunne et al.,1991;
Robichaud P R,2000;Sarr et al.,2001;Harden,2003;程根伟等,2004)。

很多因素都能影响土壤入渗,已有很多学者对此进行了大量的研究,研究结果表明,
土壤的入渗能力与其理化性质有密切的联系,土壤质地越粗、土壤孔隙度越大、土壤团聚
体含量越多,则其入渗能力越大;反之,则土壤入渗能力越小(Helalia,1993;秦耀东,2003;
赵西宁,吴发启,2004;宋吉红,2008)。降雨作为土壤入渗水分的最主要的来源,其对土壤
入渗过程有着十分重要的影响,目前的大多数研究均表明降雨的雨型、雨滴直径、降雨强
度等因子对土壤的入渗速率都有很大的影响,尤其对土壤的初渗速率影响更为显著
(Aken & Yen,1984;王玉宽,1991;Rubin,1996)。下垫面类型对土壤入渗能力也有较大的
影响,通常的规律表现为阔叶林的林下土壤的入渗能力要大于针叶林,而荒地的土壤入渗
能力要远小于林地(潘紫文等,2002)。而地形因子中的坡度、坡向、坡位差异会导致土壤
理化性质的较大不同,因此对土壤入渗速率也有一定的影响(王忠科,1994;康绍忠,1996;
周星魁,1996;袁建平,2001)。除此之外,土壤的入渗能力还受土壤表层容重、土壤初始含
水量、土壤有机质含量等因素的影响(赵西宁,2004)。

土壤的入渗过程涉及水分在土壤孔隙、下渗锋面、包气带(非饱和带)、饱和带等不同
位置的复杂运动,在研究土壤入渗过程时,运用合理的入渗模型对土壤水分入渗过程进行
模拟,有助于了解土壤水的整个运动过程(党宏忠,2004)。常用的土壤水分入渗模型主
要分为经验模型和物理模型2类,其中经验模型主要有 Kostiakov 指数方程(1932)、
Horton 经验模型、Holtan 经验模型等,物理模型主要有 Philip 模型、Smith-Parlang 模型、
Green-Ampt 模型等(秦耀东,2003)。国内的土壤入渗模型一般是在上述模型基础上建立
的,主要有方正三模型和蒋定生模型等(方正三,1958;蒋定生等,1984;赵西宁,吴发启,
2004),但是这些模型往往适用性受到限制,这是因为它们一般建立在所研究区的特定条
件下,而在其他地方的适用性还有待检验,且这些模型都没有考虑到土壤的时空差异性,
并不能准确、完整地模拟土壤水分入渗的整个过程(Souchere et al.,1999;Jhorar et al.,
2004)。因此,在以后的研究中,具有明确指标意义的物理函数将会是土壤入渗模型研究
发展的主要方向,同时土壤的时空变异、水分的非均质入渗及模型的尺度扩展等问题在以
后的研究中需要亟待解决(赵西宁,吴发启,2004;郭明春,2005)。

土壤储水量作为土壤层的重要水文参数,常常用来评价森林植被的水源涵养功能。
在许多研究中,常常将土壤的非毛管储水量作为林下土壤层的储水量,但周择福等
(1995)的研究表明,在我国半干旱地区,土壤储水往往以吸持水为主,其主要部分是毛管
储水,储水量可以达到非毛管储水的好几倍,因此用非毛管储水来代表土壤蓄水量是不准
确的,而应该用毛管和非毛管储水的总量来反映土壤层的储水能力。由于植被根系对土
壤层理化性质的影响,不同植被条件的林下土壤储水能力也有很大差别,刘世荣等
(1996)的研究指出,我国的热带、亚热带地区的森林林下土壤的储水能力要远远强于温
带和寒温带的林下土壤,尤其是阔叶林的林下土壤。林地枯落物层对土壤储水能力的影
响也较大,枯落物对土壤的化学性质有很大的影响,其有利于增加土壤的有机质含量,能
够明显改良土壤的理化性质,而且随着积蓄枯落物时间的延长,其影响土壤层的深度也越
来越深(曾思齐等,1996)。

1.1.1.2　森林植被对蒸发散的影响

　　蒸发散量估算一直是水文学与微气候学中的一个重要课题,蒸发散包括蒸发(evaporation)及蒸散(transpiration)2部分,蒸发指热能改变使液态水形成水汽的过程,蒸散指植物体内水分经其气孔以水汽逸散至大气的过程。然而于自然状态下,蒸发与蒸散2个过程的区分量测困难,故常将二者所形成之水汽总量统称为蒸发散量(evapotranspiration)。为提高水分利用效率,准确地估计作物蒸发散量是一个重要因素(Tyagi et al.,2000)。蒸发散量可由蒸发潜热进行估算,然而受限于蒸发潜热不易实测,通常会以净辐射量配合平均气温、比湿及平均风速剖面来建立相关估测模式(Meyers et al.,1987)。由于植被冠层上及冠层下之间的温湿度不同,常使其间空气中水汽饱和状态不同,因此需要分别观测其冠层上下的热能剖面始能,进行蒸发散量推估(Loescher et al.,2005)。其中,热收支法是将太阳辐射中用于森林覆盖、近地表空气层及蒸发散作用所需的热源,以热通量方式进行蒸发散量计算,并于推估过程中加入物理意义。

　　森林植被蒸腾耗水量是森林生态系统水分平衡的一个主要部分,一直在生态水文学等相关学科中占据非常重要的地位。林木蒸腾速率可以反映植物的潜在耗水能力,对林木蒸腾耗水规律及其对环境因子的响应机制的研究可以为水资源紧缺地区的造林工程的战略布局、树种选择和结构配置提供理论指导(孟平等,2005)。林木蒸散耗水是一个复杂的植物生理过程,受诸如太阳辐射、温度、空气湿度、风速、土壤含水量、土壤温度等多种环境因子变化的影响制约。各环境因子对林木蒸腾的影响可以分为2个方面:一个是对水分从表面蒸发的影响,另一个是对气孔开度的影响。

　　林分尺度的蒸腾耗水研究与生产管理紧密相关,是森林经营者最关心的内容。林分水平的蒸腾耗水量测定方法主要有微气象法和水文学方法。微气象法又包括涡度相关法、波文比-能量平衡法(BREB法)、空气动力学方法和空气动力学阻抗能量平衡综合法(AREB法),这类方法要特别注意气流和环境对仪器产生的影响,要求有足够长的风浪区,以免结果误差太大(Brutsaert,1982;刘昌明,王会肖,1999)。波文比-能量平衡法要求下垫面均一、风浪区足够长,在空气动量扩散系数、水汽湍流扩散系数和热量扩散系数相等的前提下计算下垫面的水汽和热量交换。该方法的最大优点是可以分析蒸散与太阳辐射的关系,反映不同地带的蒸散特点及蒸散对主要环境因子的响应机制(谢贤群等,1997;孙鹏森等,2001)。空气动力学法对气体稳定度和下垫面要求很严格,该法根据梯度扩散理论求解热通量,而梯度扩散理论只有在湍流涡度尺度比梯度差异空间尺度小得多的条件下才成立,非均匀下垫面、植物覆盖的粗糙面及植物冠层内部都不适用,因此该方法适用范围受到很大的限制。空气动力学阻抗能量平衡综合法将空气动力学理论和地表能量平衡方程结合,在Penman公式的基础上,引入冠层阻力的概念,发展出Penman-Monteith方程,该方法能够较好地揭示植被的蒸散过程及其对环境因子的响应机制,可以有效地研究非饱和下垫面的蒸散过程。

　　水文学方法包括水分运动通量法和水量平衡法。水分运动通量法从土壤水分运动角度出发,结合土壤物理状况来研究蒸发,根据通量平面的不同特征可以分为零通量法和定位通量法。零通量法将既没有向上蒸发,也没有向下渗透的界面定义为零通量面,零通量面以上的土壤含水量变化即为蒸发量,该方法通过测定零通量面以上的各层土壤蓄水变量来计算蒸发量。零通量法不适用于降雨频繁、地下水位很高、零通量面不稳定的情况（Mcnaughton,1973；雷志栋等,1988；刘昌明等,1988）。但是零通量面并不是一直存在的,因此常采用定位通量法来测定入渗量和蒸发量,定位通量法可以根据某一定位面的土壤水分通量推算任一其他断面的土壤水分通量。水量平衡法最适合下垫面不均一的蒸发量测定,该法基于林分水量守恒方程,即来水量等于耗水量,从而计算林分总蒸发蒸腾量。水量平衡法适用范围广、空间尺度大,并且适用于任何天气条件,也可以用于测量不同时段内各种森林小流域的蒸发耗水量。但是该方法测定时间必须在一周以上,时间分辨率低,不能反映林分蒸发蒸散量的日变化规律,而且由于各平衡分量的空间变异性,导致测量结果存在一定误差,因此在空间范围较大的森林中,需要布置更多的测点以保证蒸发散的测算精度。

1.1.1.3　森林植被对径流分配的影响

森林植被对径流分配的影响主要表现在其对不同的径流组分的影响。大多数对森林植被影响土壤入渗能力的研究均表明,森林植被能够明显地增加林下土壤的入渗能力,通过增加土壤水分的入渗而减少地表径流的形成。从森林影响水文循环的角度看,森林枯落物的分解、植物根系、动物微生物等的活动都将增加土壤入渗率(余新晓,2003)。陈丽华(1995)、张永涛(2002)、潘紫文(2002)等分别对我国不同森林植被类型下的土壤的入渗能力进行了研究,研究结果均表明林地土壤的水分入渗能力要明显大于非林地。

森林植被对壤中流的影响主要是通过根系来实现的:植被蒸腾等生理活动需要大量水分,而这些水分主要是由根系吸收土壤水分来提供的,这便导致了土体内水分分布的非均一性,同时导致了土壤水势的差异,使得土壤水分从非根际区流向根际区,从而对壤中流产生影响(秦耀东,2000)。管流作为优先流中一种主要的大孔隙流,对壤中流的形成有十分重要的影响,植物根系死亡后形成大量的较大孔隙,而由于这些孔隙的内壁粗糙程度大,其传输水分的速率更大,直接影响着土壤中管流的形成(张洪江,2003)。

森林植被对地下径流的影响存在着 2 个完全相反的方面:一方面,森林植被通过增加土壤水分入渗,有利于地下径流的补充;另一方面,森林植被的巨大蒸腾量消耗大量的土壤水分,而地下径流对土壤水分的补充又将导致地下径流的减少。在不同的地区,这 2 个方面的影响力度可能有所差别,许多研究表明,在降水量较大的地区,森林植被能有效地增加地下水的含量,有利于形成地下径流(杨新华,2001；吴绳聚,1994；尹佃忠,2003);而在降水量较少的干旱半干旱的黄土地区,高密度森林植被的强烈蒸发散将引起“土壤干层”的现象,其原因主要是土壤层巨大的水分亏缺阻隔了重力水的下渗,降低了降水的入渗对地下水的补给,不利于地下径流的产生(李玉山,2001；刘贤赵,2003)。

对于森林植被对流域总径流量的影响,国内外一直尚未有明确的结论(石培礼,2001)。大多数的研究均表明,由于森林植被对流域蒸发散的增加,导致流域径流量的减少,Stednick(1996)和 Grant 在大尺度流域上的研究也证明了这一结论(Ziemer,1998)。Fohre N(2001)在 Dietzhlze 流域的研究中还表明,在径流的各个组分中,森林植被对地表径流影响最大。日本在 20 世纪的森林生态水文研究中也表明,森林砍伐可增加直接径流15% ~100%。而苏联关于森林对河川径流影响的研究却存在着不同的观点,B. N. Moiseev 的研究表明,在大流域尺度上森林对流域年产流量并没有明显的影响,而在中等流域上,森林覆盖率增加 10%,河川径流量每年增加 19 mm(周晓峰,2001)。我国关于森林影响径流的研究中,大多也表明森林将明显地减少流域径流量,但也存在着一些相反的研究结论,马雪华(1987、1993)、黄礼隆等(1989)在米罗亚高山林区、岷江上游冷杉林及长江流域的对比研究中发现,森林流域的年径流量要比无林或少林流域的年径流量大。由此看来,在不同的研究尺度、不同的立地条件下,森林植被对径流的影响并不相同。同时,降雨量、土壤前期含水量、地形地貌条件、森林覆盖率等许多因子的不同对研究结论都有很大影响,因此在某个特定条件下得出的森林对径流的影响并不能简单地外推(Sandstrom,1998)。

1.1.1.4　黄土高原林水关系研究的特殊性

黄土高原地区主要的生态及环境问题是干旱缺水、环境污染、植被稀少和水土流失。森林植被作为很重要的生态恢复因子,黄土高原森林植被在蓄水保土、截留降水、减少地表径流、拦截泥沙等方面的作用已被大量的研究结果所证实(陈军锋等,2000;范世香等,2000;黄明斌等,1999a;黄明斌等,1999b;沈慧等,1999;吴钦孝等,1998)。但森林对河川径流的影响,尤其是对黄土高原的森林植被能否把雨季拦蓄的降水转化为地下径流、促进水流均匀地进入江河水库等问题缺乏定量的描述。

黄土高原是我国生态环境建设的重点地区,黄河流域水资源强度开发与水资源短缺已制约了该流域的可持续发展。关于黄土高原大面积植被重建对流域水资源将会造成的可能影响的研究结果仍不尽一致,有的研究认为林果面积增加、农田草地面积减少使产水量减少,有的研究则认为森林的存在增加了径流量。形成不同观点的原因主要是影响森林植被生态功能的环境异质性的普遍存在,不同自然条件、不同尺度流域森林植被的变化导致径流和洪水过程的时空格局与过程差异较大。而且,黄土丘陵沟壑区是我国乃至全球水土流失最严重的地区,高强度集中降雨、土壤疏松,加之土地利用不合理,导致我国黄土高原地区水土流失十分严重。水土流失不仅成为困扰该地区可持续发展和农民脱贫致富的主要问题,也为黄河下游地区带来了一系列生态环境问题。在黄土高原开展退耕还林等生态重建工程,对于黄河流域的水文情势(包括水沙过程)及下游水生态系统具有何种影响,已引起国际社会的普遍关注。

1.1.2　草地植被对坡面径流的影响研究进展

草地植被对坡面地表径流的影响研究主要表现在以下几个方面:①草地植被对坡面产流特征的调控作用,包括对径流量、径流系数、产流起止时间等的影响;②草地植被对坡面径流水力学特性的影响;③草地植被覆盖度对坡面产流的响应。上述研究所取得的丰富成果对于深入认识区域产汇流过程和机制奠定了良好的理论基础,同时相关研究成果在流域治理、开发建设项目、水土流失治理等方面得到了广泛应用(朱显谟,1960;唐克丽等,1994;Pan et al.,2006;余新晓等,2006;肖培青等,2011;Zhang et al.,2014)。

1.1.2.1　草地植被对坡面产流特征调控的影响

　　1. 草地植被对径流起始时间的影响

黄土丘陵沟壑区人工草地降雨试验表明,径流起始时间与降雨强度、草地覆盖度密切相关。部分学者对人工草地径流起始时间进行研究,以揭示出降雨强度、草地覆盖度及土壤前期含水量对径流起始时间的影响。通过人工降雨试验调节降雨强度、降雨历时及草地覆盖度等,模拟不同条件下径流的产生过程,得出有关坡面产流的相应数据。数据结果表明,裸地的坡面产流与降雨强度、土壤入渗率间的相对大小有关,由于土壤入渗率随时间的延长会呈现类似于指数函数的减小,所以当降雨强度等于土壤入渗率时,地表开始产生径流。对于坡面径流来说,当有草地植被覆盖及草地覆盖度增加时,径流的起始时间变长,其相关的系数为 0.802 3;径流时间与降雨强度呈负指数相关,雨强越大,产流开始时间越快,反之则需要的时间越长;随着草地覆盖度的增加,草地径流时间呈线性增大(张光辉,梁一民,1995)。通过黄土高原野外人工降雨试验系统分析得出,影响坡地径流起始时间的各个因子中植被覆盖度与产流历时呈正相关关系,此外草地覆盖度与径流量之间的关系十分密切,草地覆盖度对径流影响也较大(袁建平等,1999)。草地植被增大了坡面水流汇集到集流口的时间,还使得坡面变得凹凸不平,让坡面水流的运动受到一定程度的阻延,减小了坡面流的动能。

2. 草地植被对径流量的影响

通过对黄土丘陵区不同草类径流小区的试验研究发现,草、灌的减流能力很强,尤其是草灌的组合措施与裸坡相比可使径流量减少二分之一乃至三分之二。采用人工降雨的试验方法对土质路面草本植被降低水土流失的作用进行的研究表明,相对于裸露路面,不同覆盖度植物路面总径流量降低幅度为 3.94% ~ 25.10%,草地植被对产流过程有明显的影响(张强等,2010)。通过回归分析黄土高原野外径流小区试验资料,得出了径流量(R)与植被覆盖度(VC)呈明显的负对数关系(罗伟祥等,1990)。关于在不同的降雨强度下,还有学者对裸地、草地、灌木地的产流过程的响应关系进行研究。试验结果表明:①在相同降雨条件下,不同下垫面的产流差异较大,即裸地 > 灌木地 > 草地。同时,降雨强度越大,裸地的产流量与有植被覆盖条件的产流量差别越小。由此说明,在高强度降雨条件下,草地和灌木地对坡面径流的作用将会降低。②由于地表侵蚀形态对径流的干扰作用,降雨强度相对较小时,裸坡地的径流过程具有明显的起涨阶段,而草地和灌木地的起涨阶段不明显;高强度降雨条件下,3 种植被覆地均有明显的涨水过程。由此表明,在一定的降雨强度范围内,植被覆盖度对径流过程具有消波调控作用。③裸地的下渗率比草地和灌木地的下渗率明显较小,在高降雨强度作用下,裸地平均入渗率是草地和灌木地平均入渗率的 0.25 ~ 0.78 倍,且裸地的下渗过程波动性强。同时,从趋势上看,尽管 3 种植被覆盖地的初始入渗率均大于后期的入渗率(接近稳定入渗率),但 3 种植被覆盖地的初始入渗率与后期入渗率的差值大小不同,总体上说,裸地的入渗率最大,灌木地次之,草地最小。降雨强度越大,初始入渗率和后期入渗率差别越大。草地产流量受下渗率的影响比灌木地的产流量要大。同时,产流与入渗的关系对降雨的响应是非线性的(姚文艺等,2011;肖培青等,2011;Horton,1935)。

3. 草地植被对坡面产流过程的影响

植被因子是影响坡面水文过程的敏感性因子,它具有从根本上治理水土流失的能力。植被对降雨坡面水文过程的影响是多层次、多环节的,就其可能性来说,主要包括以下几个方面:①植被对降雨的截留作用;②植被叶滴击溅作用;③植被对径流、泥沙的拦挡作用;④植被根系能够增强土壤抗蚀化;⑤植被枯枝落叶层对土壤表层的保护作用。

　　人们认识植被对水文过程的影响是从其对降雨的截留开始的,通过对雨滴阻隔的研究发现了截留量取决于植被类型及密度。Fahey(1964)将暴雨量作为主要因子进行研究,发现影响树冠截留损失大小的因子还有叶面积指数、叶滴排水速度和蒸发速度。国内研究则是偏重于对林冠截留量的定量评估,卫正新等(1991)与史立新等(1997)通过研究指出,植被对降雨的截留作用在小雨到中雨条件下表现更为明显。杨新民(1998)在通过对径流小区收集的数据分析后发现,在降雨初期,随着降雨量的增大,林冠的截留量也逐渐增大,之后慢慢趋于稳定。随着降雨量的增加,植被截留量的损失率在减小,两者呈幂函数反相关关系。

　　不同的植被类型对降雨坡面水文过程的影响存在一定的差异。侯喜禄(1990)在坡度、降雨、土壤类型等条件相同的情况下,对不同林草类型覆盖进行研究,发现产生的径流量表现为牧草地>农耕地>林地。而子午岭地区设置的径流小区的侵蚀量观测结果显示为农用地>草地>林地,同时当坡度较注时,农用地与林草地的侵蚀量差距会更明显(周佩华等,1991)。根据植被类型不同,水土保持效果也不同,其中混交林的效果最好,其侵蚀量接近于零,林地次之,侵蚀泥沙较多,裸露地表侵蚀量最大(李钦禄,2009)。而对乔木、灌木、草本这3种不同植被类型对坡面水文特征的影响研究表明:在对径流量的调控能力方面,灌木最明显,草本次之,乔木最差;对侵蚀量的调控能力方面,灌木的调控能力依然最出色,其次是乔木,草本最差;与此同时,随着近地表草本植被的盖度的增加,坡面侵蚀量减少(赵护兵等,2004)。另外,植被配置不同,坡面的径流量和侵蚀量也存在差异。

　　还有学者通过室内放水冲刷试验,以揭示黄土丘陵区坡沟系统坡面不同草被覆盖对坡面流出流时间和终止时间的影响。试验结果表明,坡面流出流时间与放水的流量呈负相关关系,与草被覆盖面积比呈正相关关系;径流终止时间与放水流量、草被覆盖面积比均呈正相关关系;草被覆盖面积比越大,草被对坡面流的延滞作用越明显;放水量越大,草被覆盖对坡面流的延滞作用越小(李勉等,2007)。根据室内人工降雨对黑麦草的坡面产流过程试验的结果表明,坡面产流过程呈现先增加后达到稳定的趋势,随植被覆盖度的增加,坡面产流强度减小,达到稳定需要的时间增长(孙佳美等,2014)。

　　目前关于草地植被对径流调控的研究较多,也取得了许多研究成果,但关于不同草被覆盖度下的径流过程线的变化规律及其调控机制方面的研究不是很多,尤其在如何定量地表达径流过程线的变化方面的研究鲜见报道。因此,本项目的研究更有利于从机制上认识植被对径流的调控。

1.1.2.2　草地植被对坡面径流水力学特性的影响

　　坡面径流的水力学参数主要包括径流流速、雷诺数、弗劳德数及阻力系数等。不少学者利用人工模拟降雨试验和变坡水槽放水试验对坡面流水动力学特性进行了侵蚀机制研究,并取得了很多研究成果(Ogunlela & Makanjuola,2000;潘成忠,上官周平,2009;Beven,1989;Kim et al.,2012;Lawrence et al.,2000)。

　　部分学者利用人工模拟植被试验,系统研究了6个坡度、10个流量、5种覆盖度条件下坡面流水力参数、水力要素关系及阻力的变化特征,以期揭示坡面植被水流阻力的内在规律性。试验分别从断面平均流速、流速系数、水流雷诺数、水流弗劳德数、薄层水流阻力系数这 5 个水力参数进行综合计算,得出以下结果:①在植被覆盖条件下,坡面薄层水流流态指数随植被覆盖度的增加而显著增加,相同植被密度条件下,流态指数随试验坡度的变化不大,流速系数随覆盖度的增加而显著增加,当植被密度由 0 增加到 2.8% 时,流速系数的平均值由 0.453 增大到 0.822。②水流流态受制于坡度和植被覆盖度两者共同影响,随坡度增加,水流由缓流流态向急流流态延伸;相反,随着植被覆盖度的增加,水流由急流向缓流的方向延伸,两者对水流流态的影响相互制约。各试验情况下,水流均未达到紊流区,主要分布在"虚拟层流区"和"过渡流区"。③坡面水流阻力与雷诺数的变化规律并非呈单调增加或者单调递减的趋势,而是受制于植被覆盖度、坡面坡度和植被类型等多种因素的制约,呈现出减小、增加再减少,最后趋于稳定的过程(杨春霞等,2008;李勉等,2005;王玲玲等,2009)。

还有通过试验土槽和防水冲刷的方法,探讨不同流量、覆盖度条件下坡面流水力学参数的特征。结果表明,有草地植被覆盖的坡面薄层流的流态基本上呈过渡流和紊流;坡面流的弗劳德数与雷诺数分别为 0.27 ~ 2.04 和 326 ~ 1 538,阻力系数为 8.30 ~ 16.29,且随着流量的增加,草地植被覆盖度对这些参数的影响减弱;与裸坡相比,30% 和 70% 草地植被覆盖度坡面水流平均流速降低 25% 和 47%,但随着流量的加大,草地植被对坡面流的阻滞作用呈下降趋势。通过试验得出以下结论:①在试验条件下,坡面水流流速随植被覆盖度的增加而减少,且草地植被覆盖度越大,其削弱径流流速的作用越明显,说明草地植被覆盖能有效地减缓径流。②在试验条件下,裸坡坡面流的雷诺数与弗劳德数随冲刷历时变化剧烈,而有草地植被覆盖的坡面流的雷诺数与弗劳德数则随冲刷历时变化缓慢。③在放水冲刷条件下,坡面流阻力系数与放水流量关系密切,随着放水流量的增大,平均阻力系数呈增加趋势,而且有草地植被覆盖的坡面流平均阻力系数大于裸坡。④与裸坡坡面相比,由于草地植被覆盖增加了坡面阻力和糙度,能有效地削弱坡面流冲蚀能力的作用,具有显著的减沙效应,但草地植被对坡面流的阻滞作用随着流量的增加呈下降趋势(肖培青等,2009;李毅,邵明安,2008;张宽地等,2014)。

通过模拟降雨试验,分析研究坡度为 10°和 20°、降雨强度为 30 mm/h 和 60 mm/h 条件下不同盖度对坡面产流的调控过程,并从雷诺数、弗劳德数和阻力系数 3 个方面对水流运动过程和草地调控坡面流的水力学特性进行剖析(孙佳美等,2015),得出以下结论:①雷诺数和弗劳德数随降雨历时呈现先急剧增长,然后随着坡面入渗和产流的稳定达到稳定的雷诺数和弗劳德数,降雨强度较大时增长的时间较短,坡面流更快达到稳定状态。②雷诺数随坡度增加而相对增大,随降雨强度增大有明显增大趋势。黑麦草覆盖能够明显减小坡面雷诺数,在各降雨强度和坡度条件下,雷诺数随黑麦草覆盖度增加而减小,雷诺数大小一般呈现裸坡 > 覆盖度 20% > 覆盖度 40% > 覆盖度 60% > 覆盖度 80%,当覆盖度大于 60% 以后减弱幅度变小。③黑麦草覆盖度对坡面流弗劳德数有显著影响,黑麦草覆盖度增加,弗劳德数减小,并且弗劳德数随覆盖度变化为裸地 > 覆盖度 20% > 覆盖度 40% > 覆盖度 60% > 覆盖度 80%。④在黑麦草覆盖条件下,随坡面阻力系数的增大,坡面产沙率减小,并且阻力系数在 0 ~ 1 时速率减小很快;当阻力系数大于 1 时,减小曲线较为平缓。坡面阻力系数与坡面产沙率有良好的拟合关系,随阻力系数增大,产沙率呈对数减小。

　　不同处理条件下草类植被坡面径流的水动力学特性和侵蚀产沙规律的研究结果表明:植被完整程度的差异对坡面径流的流速有显著影响(李鹏等,2006)。试验小区上坡面径流流速的大小顺序依次为裸地小区(0.27 m/s) > 铲草小区(0.24 m/s) > 剪草小区(0.16 m/s) > 原状坡面小区(0.1 m/s) > 除草剂小区(0.08 m/s),径流雷诺数也有相似的变化趋势。在相同的试验条件下,植被越完整,径流运动所遇到的阻力也就越大,相应的坡面径流深也表现出增加的趋势。

　　径流含沙量的分析结果表明:各小区的径流含沙量都随试验进行而逐渐降低,植被结构越完整,径流含沙率降低的趋势也就越明显,相应的径流输沙率也从最大裸地小区的400 g/min 降低到3 g/min。

　　草地植被通过改变坡面水力学特性,使坡面径流的发展过程发生变化,但是目前的研究在草地植被通过改变坡面流阻力从而影响坡面产流过程的因果关系方面的阐述,尚不明晰,因此对草地植被坡面的水动力学机制研究尚需进一步深入。

1.1.2.3　草地植被覆盖度调控径流的临界阈值

　　由于植被覆盖度与坡面径流量、泥沙量之间的强相关性,长期以来研究者们主要以植被覆盖度作为重要的指标因子来研究植被的调控水沙的功能(韦红波等,2002;徐宪立等,2006;王光谦等,2006;Chatterjea,1998)。但是由于不同学者研究的对象和区域不同,使得研究结果有一定的局限性,造成了目前学术界对植被覆盖度与径流调控的定量关系尚未形成统一的认识(孙昕等,2009;Zhou et al.,2008)。

　　草本植被覆盖对坡面降雨径流侵蚀的影响关系,从径流侵蚀功率和降雨侵蚀力 2 个方面分析草本植被对坡面侵蚀动力的调控效果(朱冰冰等,2010),结果表明草本植被覆盖深刻影响降雨侵蚀动力,并最终对坡面径流侵蚀量产生较大的影响。植被覆盖度为0 ~ 60% 时,产流、产沙量随植被覆盖度的增加迅速降低;植被覆盖度大于 80% 时,覆盖度的增加不能引起产流、产沙量的大幅度下降,植被水沙调控作用趋于稳定,进而确定该研究的临界植被覆盖度为60% ~ 80%。以径流深和洪峰流量模数表示的坡面径流侵蚀功率及降雨侵蚀力等侵蚀动力指标均与侵蚀产沙量呈正相关关系,但径流侵蚀功率与产沙量具有更强的相关性,说明径流侵蚀功率能更好地模拟侵蚀动力;以径流侵蚀功率和侵蚀量表示植被覆盖度对侵蚀结果的影响,反映了临界植被覆盖度的存在,可以作为评价植被侵蚀动力调控效应的一个指标。各学者在分析草被覆盖度的有效盖度与临界盖度时表明,黄土高原植被覆盖度大于 60% 时防止水土流失的作用比较稳定,小于 60% 时作用不稳定,并将 60% 作为植被防止水土流失的有效盖度(张光辉,梁一民,1996)。据相关统计资料分析认为,黄土区林草植被水土保持的临界盖度为 40% ~ 60% (王晗生,刘国彬,1999)。通过在黄土高原丘陵地区开展的模拟试验得出草地植被覆盖度在 60% ~ 80% 时对径流系数的影响最为显著(朱冰冰等,2010);在研究黑麦草对褐土的减流减沙效果时,结果表明覆盖度在 60% 以上时减流效果不明显,而减沙效益则随着覆盖度的增加而一直增加(孙佳美等,2014)。

　　目前,不少学者从不同的方面对植被覆盖度进行过研究,但是由于研究对象不同,研究尺度不同,概念也不甚明确,而且大部分的研究只是基于单纯的设置不同的植被覆盖度所得出的试验数据来直接确定临界植被覆盖度,导致研究得出的临界植被覆盖度也不一致（40%~80%）。

1.1.2.4 降雨强度对坡面产流的影响

研究发现，坡面水文特征随降雨强度的变化而变化显著，主要原因是：一方面降雨强度能够影响雨滴的溅蚀作用，另一方面降雨强度还能够影响坡面地表径流的产生和发展（吕锡芝，2013）。随着降雨强度的增大，雨滴粒径也会随之增大，导致雨滴动能增大，造成溅蚀加剧，从而提高坡面土壤的侵蚀量（Best，1950；吴普特，1997）。吴启发等（2005）通过研究，发现降雨强度的增大还能够减小土壤的入渗作用，进而增加地表径流，这是由于较大的降雨强度能够使地表结皮的产生加快，从而使入渗量减少。同时降雨强度还会影响坡面的产流时间，随着降雨强度的增大，坡面地表径流产生的时间会相应缩短（张会茹，郑粉莉，2011；陈洪松等，2005）。吴普特等（1997）还提出了降雨强度与坡面流流速的关系式，认为降雨强度越大，坡面流流速也会越大，侵蚀力越强。还有研究表明不同种类的植被覆盖下的坡面产流特征也有所不同（吕锡芝等，2015）。

1.1.2.5 坡度对坡面产流的影响

坡度对坡面水文过程的影响是多方面的，它不仅会影响径流量和侵蚀量，还会影响坡面水流流速。坡度越大，径流在坡面停留的时间也就越短，入渗土壤的机会也就越小，同时土壤侵蚀量也就越小，反之亦然。但也有一些学者认为，坡面的侵蚀量在一定的坡度范围之内跟坡度呈正比，当超出这个范围后会随着坡度的持续增大而减小。这主要是从坡面整体的受雨量来考虑的，因为在相同降雨量的条件下，随着坡度的增加，接受降雨的有效面积会减小，导致单位坡面接受的降雨量减少，从而影响坡面径流量和侵蚀量。

汤立群和陈国祥（1997）通过研究建立了小流域产流、产沙模型，其中所提出的坡面侵蚀量关系式也表明了在小流域内侵蚀量随着坡度的增大而增大。Zingg（1940）通过调查研究，建立了土壤侵蚀量和坡度之间的经验关系式，式中表明侵蚀量随坡度的增大而增大，认为侵蚀量与坡度呈正相关。但之后更多的学者通过室内人工模拟降雨及野外的实测数据得出的研究结果，发现坡度对坡面侵蚀量的影响是存在临界值的，即一定坡度范围内的侵蚀量与坡度呈正相关关系，超过这个范围后，侵蚀量随坡度的增加而减小，一般称这个临界值为临界坡度。

但目前业内不同试验条件下得出的临界坡度存在一定差异。Singer等（1982）通过室内模拟试验的研究发现：当坡度在20°~24°时，侵蚀量随坡度的增加而急剧增加，增幅为35%~40%；在坡度为29°左右时，增幅基本稳定为50%左右。陈法扬（1985）采用人工模拟降雨的试验方法，研究了坡度对红壤土壤侵蚀量的影响，发现坡度在0°~18°的范围内时，侵蚀量随坡度的增大而缓慢增加；坡度在18°~25°时，侵蚀量急剧增加；当坡度大于25°后，随着坡度的增大，侵蚀量出现减少的趋势。吴普特对坡度影响黄土坡面土壤侵蚀量进行了研究，发现当尚未发生沟蚀，仅发生溅蚀和面蚀时，坡面临界坡度在22°~33°。李鹏等（2006）通过冲刷试验研究了在3°~30°的坡度范围内的坡面侵蚀特征，得到的临界值为21°和24°。

1.1.3 生态水文模型研究

水循环主要包括降雨、冠层截留、径流（坡面流、壤中流和地下径流）、下渗、蒸发（土壤蒸发、水面蒸发、植被蒸腾、潜水蒸发)等几个环节。在这几个环节中,伴随着水量的转化和物质及能量的交换,同时还受到气候变化、大气降雨动力学过程,以及流域地形、地貌、人类活动等多种因素的影响。因此,水循环是一个十分复杂的过程,一般辅助生态水文模型来研究。

1.1.3.1 生态水文模型概况

生态水文模型是揭示生态水文过程的模型,通过生态水文模型,可以定性分析生态水文响应的变化并进行定量研究。目前,根据王根绪和王凌河整理的用于生态水文过程研究的生态水文模型见表 1-1。

表 1-1 部分生态水文模型及其应用领域

模型类别	生态水文模型	应用领域
经验模型	Rutter、Gash、Dalton、DCA、回归模型、Philip、NTE、MOVE	森林水文生态过程模拟;植物水环境排序;预测与模拟植物对水文的影响过程
机制模型	Penman-Monteith、Horton、系统响应模型、透水系数模型、Pattern、分布式水文模型、MARIOLA、FOREST-BGC、ICHORS、HYVEG、ITORS、TOPOG-Dynamic、ECOH	生态水文平衡要素测定;生态与水文耦合过程的模拟与预测;植被的水文生态效应分析
随机模型	Monte Carlo、马尔可夫模型	水文与生态过程的随机性模拟,以及参数与要素模拟
确定性模型	Darly-Richards、Boussinesque、HaganPoiseuille、Laplace、Manning	土壤水流、河川径流运动,土壤侵蚀、溶质迁移过程,以及植被对河川径流的影响
集总模型	SVAT、HYDROM、SWIM、SHE、新安江模型、SCS、SPAC、系统动力学模型、HYDRROM、EPIC、SWAP、LPJ、DEMNAT-2	土壤—植被—大气间的物质能量传输过程;区域气候、径流、植被与土壤侵蚀之间的相互关系

上述模型所适用的尺度不同,其中的代表模型所适用的尺度是:SWIM 模型适用于大流域尺度;TOPOG-Dynamic 模型适用于小流域尺度;SHE 模型适用于各流域尺度;DEMNAT-2 适用于区域尺度;SWIM 适用于中尺度;SVAT 模型适用于各流域尺度。而在表 1-1 的 5 种类型的模型中,研究较多的则是集总式水文模型与分布式水文模型。

1.1.3.2 研究模型概述

研究所用的 Brook90 模型是 20 世纪 60 年代在美国建立并发展起来的,该模型在经历了 Brook90-3.2 到 Brook90-4 等不同的版本的发展与完善后,已经很成功地在美国的很多地方得到应用。该模型的重要作用发挥在森林水文的预测、预报上,并且随着模型的完善,应用范围也得到了不断的扩展。

该模型是一种能对坡面水分运动进行详细分析的集总式水文模型,主要包括蒸发、土壤水分及径流 3 部分,其机制过程是:降水中的一部分被植被的冠层截留蒸发,而另一部分则穿过冠层形成地表径流,其余渗入土壤成为土壤水分;土壤水分中的一部分通过植被的蒸腾与土壤蒸发再返回大气,而另一部分则进入地下水产生深层渗漏和形成地下径流。

目前,该模型已成功地应用于六盘山叠叠沟小流域内 3 种植被类型的生态水文过程描述,对不同植被类型下的林地蒸散和径流的模拟精度比较好(杜阿朋,2009)。

1.1.4 存在的问题及发展方向

1.1.4.1 存在的问题

(1)目前主要存在的问题是:①对森林生态水文过程的机制研究还不够透彻,在研究中比较缺乏森林植被在不同空间和时间尺度上对水文过程影响的综合研究;目前的研究主要集中在森林植被对水文过程的影响,而水文过程对森林植被的反作用影响研究则相对较少,对以植被建设为目标的应该关注此点。②对尺度效应的研究还不够全面,不同尺度上的水文过程具有不同的影响因子。尺度外推的基础是自然系统(包括河流网络)的结构(几何)相似性;在不同的尺度范围内可能存在不同的尺度外推规则或分维现象。水文参数和变量的尺度外推还很不成熟,目前取得的共识是特定尺度水文模型和尺度外推规则主要取决于数据,数据的重要性远远大于尺度外推理论(刘世荣等,2007)。生态水文过程只能在径流场、坡面、小流域尺度开展定位机制性观测,大流域尺度必须依据有限点位的实测数据进行模拟,小流域尺度过程推演到大流域尺度存在较大的难度和不确定性。③对于森林生态水文模型的研究也不够完善,目前的研究大都还处在运用国外成熟的水文模型阶段,而对于定向目标的模型建立还存在很多不足。

(2)黄土高原水土流失较为严重,而草地植被是黄土高原丘陵沟壑区坡面水土流失最敏感的影响因素之一,对坡面产流过程具有重要的调控作用。在草地植被对坡面产汇流的影响机制方面,研究者已取得了一定的成果。然而,目前关于草地植被对坡面产流过程的作用机制还缺乏系统的研究,相关研究多侧重于坡面径流特征的描述和水动力学参数的变化特征,缺乏对草地植被作用下坡面流水动力学参数对产流过程的响应研究,以及产流过程变化下的草地植被覆盖度临界阈值的研究。在相关的研究上,关于不同草地植被覆盖度下的径流过程线的变化规律及其调控机制方面的研究不是很多,尤其在如何定量地表达径流过程线的变化方面的研究鲜见报道。在黄土高原丘陵沟壑区,不同的草地植被覆盖度下,坡面产流过程发生变化的原因是什么?当坡面产流过程发生变化时,草地植被覆盖度如何才能有效应对该区域的降雨情况?如何从力学原理的角度来解释坡面径流的水文学现象?这些问题目前尚不明确,而明确该方面的研究是建立水文模型和完善区域产汇流机制的重要基础。

1.1.4.2 发展方向

加强森林生态水文过程和机制研究的基础是收集长时间序列的森林水文观测数据。加强森林生态水文的尺度研究,克服尺度效应对森林生态水文的研究限制是今后的研究热点之一。加强森林生态水文与气候变化的研究,研究气候变化特别是极端的气候事件对森林的影响要做到由定性研究发展到定量研究。重视森林生态水文与水环境的研究,除了关注森林对水量的影响,也要关注森林对水质的影响。重视森林生态水文与生态用水的研究,今后应做出一套成熟的指标体系和计算方法来进行森林生态需水的研究。加强多学科综合研究,在今后的研究中,增强生态学、水文学、土壤学和气象学等学科之间的知识体系与数据的融合是一个发展方向。重视生态水文学研究与高新技术的结合,计算机技术、遥感技术、地理信息系统、微波测定技术和同位素示踪技术等可以更好地支撑森林生态水文学研究的发展。

1.2　研究区概况

1.2.1　地理位置

　　耤河流域地处秦岭山地北麓、陇西黄土高原南缘地带,属黄土丘陵沟壑第 3 副区,是渭河中上游的 1 级支流,自西向东汇入渭河,位于甘肃省天水市(见图 1-1)。该流域面积为 1 019 km²,地处 105°07′50″ ~ 106°00′45″E、34°20′19″ ~ 34°38′59″N,海拔在 1 069 ~ 2 700 m。区域内地形支离破碎,沟壑纵横,沟道断面多呈"V"形,1 ~ 5 级支沟计 14 000 余条,大于 5 km² 的 1 级支沟 55 条,2 级支沟 31 条,沟壑密度达 4.13 km/km²(任宗萍,2009)。

图 1-1　研究区地理位置图

罗峪沟流域位于甘肃省天水市,地处 105°30′ ~ 105°45′E、34°34′ ~ 34°40′N。罗峪沟是渭河 1 级支流耤河的一条支沟,属于黄土丘陵沟壑区第 3 副区,为典型的黄土丘陵地形地貌。黄土丘陵沟壑区分布广,涉及 7 个省(区),面积达 21.18 万 km²,主要特点是地形破碎,千沟万壑,15°以上的坡面面积占 50% ~ 70%。依据地形地貌差异将黄土丘陵沟壑区分为 5 个副区。第 1、2 副区主要分布于陕西、山西、内蒙古 3 省(区),面积为 9.16 万 km²,该区以梁峁状丘陵为主,沟壑密度为 2 ~ 7 km/km²,沟道深度为 100 ~ 300 m,多呈"U"形或"V"形,沟壑面积大,沟间地与沟谷地的面积比为 4∶6。第 3、4、5 副区主要分布于青海、宁夏、甘肃、河南 4 省(区),面积为 12.02 万 km²,该区以梁状丘陵为主,沟壑密度为 2 ~ 4 km/km²。小流域上游一般为"涧地"和"掌地",地形较为平坦,沟道较少;中下游有冲沟。黄土丘陵沟壑区是中国乃至全球水土流失最严重的地区。罗峪沟流域发源于麦积区新阳镇境内的凤凰山南麓,由西向东于秦州区老城关东注入耤河。流域面积为 72.79 km²,主沟道长 21.81 km,平均比降 3.35%,流域地表坡度整体比较平缓,沟壑密度为 3.54 km/km²,平均坡度小于 15°的坡面占总流域面积的 48.4%。

1.2.2 地貌类型

1.2.2.1 黄土梁峁区

黄土梁是由黄土组成的一种长条状高地,黄土峁是一种由黄土构成的圆顶山丘,梁峁的成因相似,梁和峁混杂在一起称为"梁峁"地形。黄土梁峁构成了延安市周边地形地貌的主体,梁峁呈椭圆形、鞍形或条形,坡度一般较缓,为 5° ~ 15°。延河两边的梁峁顶部地势略低,梁峁顶部的地势随与延河河谷距离的增大而逐渐增高,到一定距离后,梁峁顶部的地势达到一个较高的范围,随后梁峁顶部的地势基本变化不大。梁峁顶部的相对高差可达 200 余 m,同一梁峁顶部与梁峁边缘区相对高差一般为 30 ~ 50 m。黄土梁的宽度一般为 100 ~ 200 m,最宽约 300 m,最窄不到 15 m。梁峁大多数有一定的名称,如瓦窑峁、二仙梁等,梁峁的名称也形象地反映了黄土梁峁的地形地貌特征,如走马梁,这种梁较窄,梁延伸较长。多条梁与同一峁相连,梁与梁相连,相连部位通常称为崾崄,如断桥崾崄。黄土梁峁的模式有峁—梁单一型、峁—梁—峁相连型、梁—崾崄—梁相间型等。

1.2.2.2 黄土陡坡区

该区域可见大量的由黄土组成的高陡边坡,边坡坡度大于 35°,50° ~ 60°的边坡数量较多,部分区域形成了近直立的陡坎,俗称黄土柱,斜坡高度一般为 30 ~ 60 m,最大者可达 80 ~ 100 m。

1.2.2.3 黄土缓坡区

在沟谷部分区域有风积黄土堆积在基岩上形成的缓坡地形,地形一般坡度为 10° ~ 15°,当地居民在这种地形上修建房屋或平整成梯田进行耕种。

1.2.2.4 基岩陡坎及沟谷

在沟谷中下游区域,基岩出露,沟谷深切基岩,形成 10 ~ 45 m 的近直立陡坎,部分区域陡坎上部外凸、下部凹陷、谷底平坦、基岩裸露。

1.2.2.5 冲洪积及淤积平缓区

20 世纪六七十年代,当地村民在各支沟上游沿沟底阶梯性筑坝淤地,降雨携带泥土在坝内淤积形成淤积坝。各淤积坝沿沟谷成阶梯状分布,对于单个淤积坝,则较为平缓,坡度一般小于5°,呈带状或舌状,向沟谷下游方向延伸,淤积坝宽度逐渐增大。各淤积坝的宽度一般为30~50 m,最宽可达100余 m。

1.2.2.6　冲洪积漫滩及高漫滩区。

各支沟的下游及延河存在发育宽缓的漫滩及高漫滩。各支沟下游的漫滩及高漫滩宽度一般为30~80 m,最宽处可达200余 m;延河的漫滩及高漫滩一般宽度约为500 m。

1.2.3　气候及水文特征

研究区属暖温带半湿润半干旱的过渡地带,年均气温为11.1 ℃,年均最高气温为17.1 ℃,年均最低气温为6.4 ℃,呈现出较大的日变化,但较小的季节波动,1月的平均温度为−2.0 ℃,7月的平均温度为22.8 ℃。流域多年平均降水为555.9 mm,最小值为368 mm,最大值则达860 mm,年降水量的60%以上集中在6~9月(见表1-2)。

表1-2　耤河流域多年平均降水量分配

月份	1	2	3	4	5	6	7	8	9	10	11	12	合计
平均(mm)	7.1	8.4	21.8	41.6	58.8	72.0	96.5	88.9	91.0	50.8	14.1	4.9	555.9
比重(%)	1.3	1.5	3.9	7.5	10.6	13.0	17.3	16.0	16.4	9.1	2.5	0.9	100.0

流域内水资源主要靠降水补给,20世纪90年代以后常流水量很小。流域内沟道径流以地表径流为主,多年平均径流量为0.73亿 m^3,而最大值和最小值分别为1.96亿 m^3 和0.02亿 m^3。沟道多为季节性洪沟,旱季无径流,雨季经常暴发山洪,多年平均径流深为76 mm,径流模数为76 126 $m^3/(s·km^2)$。流域内沟道密度大、比降大、径流流速大、水流冲力强、挟沙能力大,平均输沙率为82 kg/s,最大可达336 kg/s。

罗峪沟流域多年平均降水量为548.9 mm,年降雨量最小值为330.1 mm,最大值为842.2 mm,6~9月降水量占年降水量的60%以上,雨热同期。年蒸发量为1 293.3 mm,干燥度为1.3。年平均气温10.7 ℃,1月平均气温为−2.3 ℃,7月平均气温为22.6 ℃,极端最高气温38.2 ℃,极端最低气温−19.2 ℃。大于10 ℃的活动积温为3 360 ℃,无霜期184 d,年日照时数为2 032 h,日照率为46%。

流域内水资源主要靠降水补给,常流水量很小。流域地下水资源主要有2种:一是山地地下水资源,主要为大气降水补给的浅层地下水,其补给量受降水影响较大;二是沟道地下水资源,主要分布于干沟及各主要支沟沟床一带,水源靠降水及砂砾岩地层的渗流水补给。流域内沟道径流以地表径流为主,沟道多为季节性洪沟,旱季无径流,雨季经常暴发山洪。

1.2.4　土壤特征

流域地貌类型主要为黄土丘陵地貌、红土丘陵地貌、土石山区侵蚀地貌和河谷阶地地貌。土壤类型比较复杂,共有9种:棕壤、棕壤性土、褐土、黄绵土、冲积土、红黏土、淋溶褐土、山地草甸土和粗骨土。褐土是本流域典型地带性土壤,是在暖温带落叶阔叶与针叶混交或者半干旱灌木草原生物气候条件下形成的,其分布占全流域25%,土壤有机质含量高,结构良好,抗冲性、抗蚀性较强,透水性良好(张满良,2002);黄绵土分布较广,土层深厚,耕性良好,但土质疏松,结持力小,流失严重;冲积土和棕壤也有较广的发布,主要分布于流域沟道和中上游南岸坡地;红黏土是流域耕作难以利用的土壤,土性僵板,质地黏重,通透性差;流域上游和下游南岸海拔较高地带分布着一定面积的山地草甸土和粗骨土。流域土壤分布及所占面积比例见表1-3。

耤河流域属于黄土高原第3副区,该区土质疏松,植被稀少,加之雨强大,导致土壤流失严重,侵蚀类型主要有水力侵蚀和重力侵蚀,以水蚀为主,同时二者也交互作用,广泛发生。水力侵蚀多以面蚀和沟蚀发生,重力侵蚀则表现为滑塌、崩塌、泻溜等。强度侵蚀主要发生在各侵蚀沟沟坡、沟岸和河岸,主要分布在第三纪红土出露区及岩石裸露风化强烈的土石山区;中度侵蚀发生在梁坡;轻度侵蚀发生在梁顶及坡度较缓的梁坡;微度侵蚀发生在川道局部。区域内多年平均年侵蚀模数为 5 426 t/km²,年侵蚀总量为842.73 万 t。近年来水土保持措施的大力实施使得流域生态环境有所改善,但干旱和长期不合理垦殖仍对水土流失造成很大影响。

表 1-3 耤河流域土壤分布表

名称	占总面积(%)	主要分布
褐土	25.1	流域中上游海拔较高地带,植被覆盖较好的梁顶
黄绵土	17.1	流域北山梁峁沟壑,以及迎风向阳的梁顶、梁坡
冲积土	15.4	流域河川沟道
棕壤	13.5	流域中上游南岸梁顶
淋溶褐土	10.1	流域中下游沟道南岸
棕壤性土	6.0	流域下游南岸海拔较高地带
粗骨土	4.8	流域下游南岸坡地
红黏土	4.3	流域下游丘陵沟壑地带的滑坡和湾地
山地草甸土	3.7	流域上游气温低、水湿条件好的高山平缓地带

罗峪沟流域在地质构造分区上属陇西构造盆地的东南缘,位于西秦岭地槽的北侧。罗峪沟流域土壤类型有 11 种,山地灰褐土是本流域典型的地带性土壤,是在暖温带半干旱灌木草原生物气候条件下形成的,其分布占全流域91.7%,分配产生鸡粪土、黄坂土、黑红土和杂色土,肥力依次下降,土层浅薄,结构变差;粗砂土占全流域8.1%,土层薄,肥力低,保水保肥性差,不宜耕种;其余土种分布很少。

山地灰褐土又是主要的农耕地。该土类的分布演变规律用现代加速侵蚀作用的观点来看,垂直分异比较明显,即由梁顶—沟谷,土壤的变化趋势是黑鸡粪土(部分为黑土)→黄坂土→黑红土→红胶土。黑土位于平坦的梁坡台地、谷坡下部凹地,均处于强度侵蚀带;红胶土位于谷坡下部或沟坡,处于最强烈侵蚀带;山地灰褐土经过长期的侵蚀冲刷,土壤表层因侵蚀变为黑鸡粪土;如果侵蚀作用加剧,表土的淋溶层全被剥蚀,结核层外露,则形成黄坂土;若黄坂土继续受到侵蚀,红土出露,即进入另一个质变阶段,由红黏土母质发育的灰褐土阶段,这种土还处于幼年发育时期,没有完整的层次,经过耕作熟化变为黑红土和红胶土。

1.2.5　植被特征

耤河流域中上游主要分布着林地、草地,近年来流域下游有大范围的果园经济林分布,以苹果、梨和桃为主,总体上研究区用地是农用地,主要农作物有小麦、玉米、马铃薯。植被以暖温带落叶阔叶林为主,主要乔木以刺槐(*Robinia pseudoacacia*)、侧柏(*Platycladus orientalis*)、油松(*Pinus tabuliformis*)、旱柳(*Salix matsudana Koidz*)、白榆(*Ulmus Pumila*)等为主,该区位于森林草原到草原过渡地带。天然灌丛草原分布于黄土梁峁及低山丘陵的下部,以紫穗槐(*Amorpha fruticosa*)、本氏针茅(*Stipa capillata*)、达乌里胡枝子[*Lespedezadavurica(Laxm.)Schindl*]、狼牙刺(*Sophora viciifolia Honce*)、酸枣(*Sour Jujube*)为建群种。因长期的不合理垦殖,森林退缩,草地被开垦,天然植被破坏严重。草本植物以豆科、菊科、蔷薇科为主,如紫花苜蓿(*Medicago sativa*)、草木犀(*Melilotus officinalis*)、赖草(*Leymus secalinvs Tzvel*)、白草(*Pennisetum centrasiaticum Tzvel*)及蒿类(*sage semi-brush rangeland*)等。

罗峪沟流域农耕地占流域总面积的 55.0%,自然植被较差,植被覆盖度约占 30.0%。主要农作物有小麦、玉米、马铃薯等。流域内乔木均为人工植被,灌木全部为天然生长。经济林以苹果、杏、梨、核桃为主,近年来经济林发展较快。流域内有主要高等植物 49 科 230 余种,其中乔木主要有银白杨(*Populus alba*)、旱柳(*Salix matsudana Koidz*)、白榆(*Ulmus Pumila*)、刺槐(*Robinia pseudoacacia*)、香椿(*Toona sinensis*)、油松(*Pinus tabuliformis*)、侧柏(*Platycladus orientalis*)等 39 种;灌木主要有狼牙刺(*Sophora viciifolia Honce*)、紫穗槐(*Amorpha fruticosa*)、花椒(*Zanthoxylum bungeanum Maxim*)等 19 种;草本植物以豆科、禾本科、菊科、蔷薇科为最多,如紫花苜蓿(*Medicago sativa*)、草木犀(*Melilotus officinalis*)、赖草(*Leymus secalinus Tzvel*)、白草(*Pennisetum centrasiaticum Tzvel*)及蒿类等 172 种。因人工采伐破坏及过度放牧,形成大片荒坡,植被逐年减少。

1.3　研究内容与方法

1.3.1　研究内容

(1)森林植被对降水输入过程的调控机制。

森林植被对降水输入过程的调控机制研究是以典型森林生态系统的结构和水文过程为主要研究内容,研究黄丘区典型流域的森林生态系统的结构和水文过程特征,确定典型流域内影响森林生态系统水文过程的主要结构因素,为森林生态系统对水资源形成过程的关键特征提供科学依据。

典型森林生态系统的水文过程研究,通过对典型森林的野外观测和调查,从垂直层次上观测典型森林生态系统各水文过程,主要包括垂直层次传输的林冠截留、树干茎流、枯落物截持、土壤水分及穿透降水,揭示其林内传输和组分转换规律。通过对林分、小流域进行嵌套式观测布点,同时开展林内外及小流域温度、风速、风向、降水量等小气候同步观测,定量评估森林植被垂直结构对降水输入过程的影响机制。

(2)典型森林植被耗水规律研究。

典型森林植被耗水规律研究是森林植被对水文过程影响机制研究的基础与核心。以典型森林植被为对象,通过对单株、林分等不同尺度的系统观测,定量揭示包括蒸腾、截持、蒸发等各蒸散的强度,确定典型森林植被的生态耗水量。

通过定位观测,并结合野外森林植被样方调查,定量揭示降水、土壤水、气象、立地等环境因子对森林植被耗水的影响,分析森林植被结构对植被耗水特征的影响,为流域森林植被恢复与重建提供科学依据。

(3)森林植被对水资源形成过程的影响。

以流域典型森林植被为对象,从坡面尺度上,进行径流和泥沙的定位观测,同步结合森林植被垂直结构和水平结构的观测,基于国内外现有生态水文模型进行坡面尺度的水文过程模拟,以此为基础改进水文模型,用以揭示森林植被对水资源形成过程的影响机制,定量评价森林植被对径流的形成过程的影响。

(4)草地植被对坡面径流过程及水动力学的影响。

在同一坡度、不同草地植被覆盖度的条件下,采用野外人工模拟降雨,分析在一定的降雨历时、降雨强度的情况下,不同覆盖度的坡面产流过程的变化,绘制出产流的过程曲线;根据坡面产流过程曲线的特征分析,揭示草地植被覆盖度对坡面产流过程的影响。

基于不同草地植被覆盖度条件下坡面产流过程的变化特征,分析坡面产流过程所对应的水流阻力系数及其他水动力学参数的对应变化规律,从力学角度揭示草地植被对坡面产流过程的调控机制;以水动力学参数等为自变量,以表征产流过程的参数为因变量,探究不同草地植被覆盖度作用下的产流过程。在不同草地植被覆盖度对坡面产流过程和水动力学参数作用的研究基础上,运用统计分析、回归分析、因子分析等方法,判断在不同降雨条件下临界草地植被覆盖度阈值。

1.3.2 森林植被及水文过程的监测及试验方案

1.3.2.1 气象因子监测

根据行业标准,试验地内外各设立一个综合标准观测气象站(见图1-2),实时监测各气象数据,主要指标包括空气温度(℃)、降雨量(mm)、降雨强度(mm/min)、净辐射(W/m²)、空气相对湿度(%),风速(m/s)和风向等气象因子,数据采集频率为每分钟1次。

(a)试验地外气象站　　　　　　(b)试验地内气象站

图1-2 野外试验地气象站

1.3.2.2　植被特征因子监测

植被特征因子中叶面积指数和郁闭度测定采用美国 LI - COR 公司生产的 LAI - 2000 植被冠层分析仪,该仪器采用的是先进的图像冠层分析技术,由鱼眼图像捕捉探头、PAR 探头、图像分析软件组成[见图 1-3(a)]。拟在 2020~2023 年的 5~10 月,于每月的上、中、下旬,利用植物冠层分析仪测定林地小区及全坡面的冠层叶面积指数和郁闭度,测定时按固定的"S"形路线,取平均值作为该小区或坡面的特征值,同时在所有林下雨量筒、土壤蒸发、枯落物蒸发等测点处进行加测,作为生长季的叶面积指数代表值[见图 1-3(b)]。

地上生物量指标的测定采用模型法和烘干法相结合的方式取得,在研究期测定小区及坡面内林地乔木的胸径和树高,根据生物量模型及胸径树高推求乔木生物量,再选标准木采伐进行烘干验证;在每个小区和全坡面内设置 5 个 1 m×1 m 的小样方,收集样方内所有草本的地上部分及枯落物,分别放置在 80 ℃烘箱中烘干至恒重,称取干重,取平均值作为小区草本层地上生物量和枯落物层生物量。

（a)叶面积指数仪　　　　　　　　　　　（b)乔木生物量测定

图 1-3　植被特征因子监测

1.3.2.3　冠层截留监测

1.穿透雨测量

在各个小区和坡面的研究期内分别设置 2~3 个规格为长 120 cm、宽 13 cm、高 35 cm 的雨量槽,槽底部为"V"形,便于雨水聚集,在雨量槽底部开设一直径为 1.5 cm 的圆形出口,槽底铺设有窗纱网,防止枯枝落叶掉入集水槽堵塞出水口,出水口用 PVC 橡胶管接入集水桶。每场降雨过后及时用量筒测量树干茎流集水桶中收集到的雨水体积,用所测得的雨水体积除以标准木树冠面积,即得到该标准木的树干茎流量,同时用自制仪器测定草本层与枯落物层的截留[见图 1-4(a)、(c)、(d)]。

2.树干茎流测量

在不同林分样地内分别选择了树干茎级具有代表性的标准木 3~5 株,采用橡胶管缠绕法测量树干茎流。先用小刀将树干树皮的突出部分修平以免扎破橡胶管,同时加强橡胶管与树皮的贴合度,使得测量更为准确;然后将长 1.5 m、直径 3.0 cm 的 PVC 橡胶管从树干约 1.3 m 处沿树干缠绕至基部,为防止漏水用小铁钉将其固定在树干上;再用薄橡胶皮将孔隙处贴合密封,将树干基部的橡胶管连接集水桶,收集树干茎流[见图1-4(b)]。每场降雨过后及时用量筒测量集水桶中收集到的雨水体积。

(a)穿透雨测量

(b)树干茎流测量

(c)草本层截留测量

(d)枯落物层截留测量

图1-4 冠层截留监测

1.3.2.4 土壤特征参数监测

1. 土壤水分入渗测定

在不同小区及全坡面试验地内采用双环入渗法测定各样地土壤表层水分入渗特征,按《森林土壤渗滤率的测定标准》(LY/T 1218—1999)中相关规定测定并计算[见图1-5(a)]。

2. 土壤体积含水率测定

不同小区及全坡面试验地的坡上、坡中、坡下分别埋设1 m长的探管,在研究期间,在土壤剖面上以5 cm深度为间隔测定土壤含水率动态变化,非生长季和生长季分别每月、每周测定1次[见图1-5(b)]。同时在核心区不同树种林分样地内探管附近,分别在剖面5 cm和15 cm两处安置5TE土壤三参数传感器(土壤体积含水量、温度、电导率)和土壤水势探头,采用EM50土壤水分数据采集器以15 min为间隔动态测量土壤各参数值的变化情况。

（a）土壤水分入渗测定　　　　　　　　（b）土壤含水率测定

图 1-5　土壤特征参数监测

1.3.2.5　蒸散发指标的测定

1. 乔灌木蒸腾的测定

在乔灌木小区和全坡面内分别选择不同径阶的样木 3 株,将热扩散式探针分别安装在样树树干距地 1.3 m 处,对其树干液流速度进行连续监测,测量密度为每 15 min 一次[见图 1-6(a)、(b)]。采用智能可编程数据采集器(DT80)进行数据采集,定期下载、收集数据。计算分析时采用 3 株样木的树干液流速率的算术平均值。选择典型的灌木样株,在每个样株上选择 3 个标准枝,布设 EMS62 包裹式茎流计,测定不同标准枝的枝干液流并计算蒸腾值。

2. 枯落物蒸散下层和土壤蒸发测定

收集不同小区及坡面内的原装枯落物,按枯落物的实际厚度和组成铺设在自制的枯落物筐中,根据枯落物的面积,清理出放置枯落物框的位置,把装好原装枯落物的筐嵌入小区内[见图 1-6(c)]。在研究期按规定的时间对枯落物筐进行称重,整个试验结束后将枯落物烘干后称重,经过换算推求枯落物的蒸发量。使用自制的微型土壤蒸渗仪来测定土壤蒸发量,其规格为内筒用不锈钢管制成,高 20 cm,内径 11 cm,表面积 95.0 cm^2,备有内径稍大、白铁皮制成的有底外套桶[见图 1-6(d)]。在研究期试验时,上、下午分别称重 1 次,两次结果的差值换算出土壤蒸发量。

（a）乔木蒸腾测定　　　　　　　　（b）灌木蒸腾测定

图 1-6　蒸散发指标监测

（c）枯落物蒸散测定　　　　　　　　　　　（d）土壤蒸发测定

续图 1-6

1.3.2.6　径流泥沙监测

　　研究期内每次降雨产流结束后,在每个小区及全坡面下的集流池内直接量水,根据事先确定的水位－容积曲线推求径流总量。含沙量则是将水沙样静置 24 h,过滤后在 105°下烘干到恒重,再进行计算。林地径流泥沙测定见图 1-7(a),草地及裸坡径流泥沙测定见图 1-7(b)。

（a）林地径流泥沙测定　　　　　　　　　　（b）草地及裸坡径流泥沙测定

图 1-7　径流泥沙监测

1.3.3　草地植被覆盖度与径流过程的监测及试验方案

1.3.3.1　人工降雨试验装置

　　用于模拟降雨试验的设备为 MSR－S 型便携式人工模拟降雨器,是一款垂直下喷式降雨设备,采用预先设定降雨参数(雨强或压力)来控制整个降雨过程。可模拟不同的降雨环境,包括不同雨量、雨强、时空分布、下垫面条件、坡面物质组成等,弥补在自然降雨条件下无法得到的结果。可变化的降雨强度范围为 15～200 mm/h,雨滴可控范围为 0.3～6 mm,降雨高度为 3～5 m 均可,降雨均匀度大于 0.75。野外人工模拟降雨试验系统如图 1-8 所示。

图 1-8　野外人工模拟降雨试验系统

1.3.3.2　径流小区设置

在试验区内选择坡面平整、人为扰动小、附近有水源和电源且无鼠洞和树洞等深层渗漏发生的坡地,选择 5 个不同草地植被覆盖度的草地坡面和 1 个裸坡对照坡面。在选择草地植被坡面时先采用点 – 框法选出 2 个低草地植被覆盖度坡面(20% 左右、35% 左右)、2 个中草地植被覆盖度坡面(50% 左右、65% 左右)和 1 个高草地植被覆盖度坡面(80% 左右)。选择黄土高原丘陵沟壑区最常见的草本植物紫花苜蓿为试验对象。径流小区长 5 m、宽 1 m,小区四周用铁板设置围埝,尾部设置"V"形收集口,用来收集形成的径流。

1.3.3.3　试验设计

(1)降雨强度及降雨历时。根据黄土高原多年的降雨特征,本试验选取 3 种不同的降雨强度分别为 60 mm/h、90 mm/h 与 120 mm/h,每次降雨持续 60 min,来研究降雨产流过程的基本特征。

(2)草地植被覆盖度。研究以黄土丘陵沟壑区最为常见的草本植物紫花苜蓿作为试验对象。通过点 – 框法、数码拍照和 AutoCAD 等方法确定草地植被覆盖度。

(3)坡度。根据黄土高原统计数据,选择试验坡度为 20°。

(4)重复试验。每组至少重复 1 次,根据数据的差异确定重复的次数。

1.3.3.4　人工降雨试验研究方法

(1)确定草地植被覆盖度。选择黄土高原丘陵沟壑区最常见的草本植物紫花苜蓿为试验对象。在野外试验区选择 5 个不同草地植被覆盖度的草地坡面和 1 个裸坡对照坡面,在选择草地植被坡面时,先采用点 – 框法选出 1 个低草地植被覆盖度坡面(20% 左右、40% 左右)、2 个中草地植被覆盖度坡面(50% 左右、60% 左右)和 1 个高草地植被覆盖度坡面(80% 左右)。在正式降雨试验前,用数码相机对 6 个不同的草地植被覆盖度小区进行垂直拍照,所得照片通过 AutoCAD 软件或遥感软件进行处理,可得出准确的草地植被覆盖度。

(2)试验前期处理。每次降雨试验前,采用 30 mm/h 的雨强进行前期降雨至坡面产流,前期降雨后用塑料布覆盖并静置 24 h,以保证每次试验前期土壤含水量基本一致。每次试验开始前和试验后在坡面上利用环刀法测定土壤容重,采用烘干法测定土壤含水量。

(3)降雨产流过程测定。设定好降雨强度,进行降雨,记录好降雨的时间,在坡面流产生的时候,记录下产流的时间;之后的 10 min,每隔 1 min 收集一次水样;10 min 之后,再每间隔 2 min 收集一次水样。

(4)数据处理与分析。采用 Excel、Origin 和 SPSS 等软件对获取的试验数据进行处理与分析。

1.3.3.5 坡面流水动力学参数测定

(1)坡面流流速。采用染色剂示踪法测定,设置 5 个测量断面,距试验小区坡底的距离分别为 0.5 m、1.5 m、2.5 m、3.5 m、4.5 m,每个测量断面上取 3 个点进行流速的测定,测量点距小区边界的距离分别为 0.3 m、0.5 m、0.7 m。每个测量点测定 6 次流速,取平均值,根据流态进行修正,得到最终的平均流速。

(2)坡面流水深。在流速测量点上采用数显测针(精度为 0.01 mm)同步测定径流水深,每个测量点测量 4 次,取平均值。坡面流水动力学参数测定如图 1-9 所示。

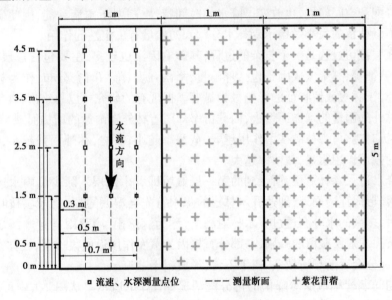

图 1-9　坡面流水动力学参数测定

第2章 坡面植被对降水输入过程的影响

2.1 林冠层对降水输入过程的影响

2.1.1 林冠层分配降水特征

大气降雨通过森林,在垂直层次上首先受到乔木冠层的拦截,当降水量充足,林冠达到充分饱和时,多余的水分会穿透林冠下落,最后到达枯落物层。森林垂直结构上截留的水量,最终通过蒸发回到大气层,不再参与森林水分循环过程,这一项过程不仅改变了降水的水量分配和空间格局,也改变了降水的时间特性,削弱了雨滴动能,因此研究森林冠层对于降雨量截留的大小对揭示森林水分输入初始量有决定性的作用。

植被冠层截留过程是一个复杂的过程,其影响因素也较多,主要包含冠层特征、气候特征、林分特征等,其中气候因子包括降雨量、降雨强度、降雨时空分布,作为林冠截留的水分来源,对于林冠截留特征的影响最为显著。据现有的研究可以总结出,森林冠层的截留量随着林外降雨量的增加而增大,而截留率却随着林外降雨量的增加而减小;林外雨强越大,降雨历时越短,森林的截留作用越弱,截留率越小;反之,林外雨强越小,历时越长,森林冠层的截留作用明显,截留率越大。

大气降水进入森林冠层,所受到的第一层截留即乔木冠层。除少量雨水透过冠层空隙直接滴落,形成穿透雨外,到达乔木林冠的降水首先会湿润冠层,当冠层枝叶吸水达到饱和状态时,多余的水分会透过乔木林冠滴落,称为滴落雨,滴落雨与穿透雨之和即为林内降雨。被乔木冠层截留的降雨,一部分直接因为蒸发作用返回大气层,被称为林冠截留降雨;另一部分会逐渐顺着枝条、树干下流,形成树干茎流。

研究期间刺槐林冠层对降雨的再分配情况如图2-1所示。从图2-1中可以看出,刺槐林内降雨、树干茎流、林冠截留水量都随着林外降雨的大小波动而变化,但针对不同的林外降雨量,具体的分配比例仍然存在差异。

林冠层分配降雨与降雨本身的特征有着密切关系。为了进一步了解不同降雨特征对林冠层降水分配的影响程度,选取了每次降雨的降雨量、降雨历时、平均降雨强度(I_{ave})、两次降雨时间间隔、30 min 最大雨强(I_{30})和前24 h 降雨量(P_{24})6 个指标,同每次实测的或计算得出的林内降雨量、树干茎流量和截留量进行 Pearson 相关性分析,得出不同树种的降水分配各分量与6 个降雨特征指标的相关系数表(见表2-1~表2-3)。

从表2-1中可以看出,林内降雨量同降雨量、降雨历时和30 min 最大雨强的相关关系都达到了 0.01 水平上显著正相关,其中与降雨量相关系数最高。而同平均降雨强度、两次降雨时间间隔正相关关系不显著,和前24 h 降雨量负相关关系不显著。

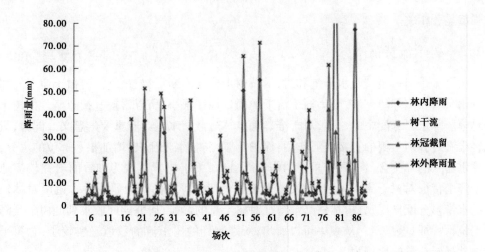

图 2-1　林冠层分配降雨特征(刺槐)

表 2-1　林内降雨量与降雨特征相关分析

项目	降雨量	降雨历时	I_{30}	I_{ave}	两次间隔	P_{24}
Pearson 相关性	0.994**	0.772**	0.738**	0.178	0.288	-0.231
显著性(双侧)	0.000	0.000	0.000	0.440	0.206	0.314

注:**在 0.01 水平(双侧)上显著相关。

树干茎流量同降雨量、降雨历时和 30 min 最大雨强的相关关系都达到了 0.01 水平上显著正相关(见表 2-2),其中与降雨量相关系数最高,与降雨历时和 30 min 最大雨强的相关系数相似。而同平均降雨强度、两次降雨时间间隔的正相关关系不显著,和前 24 h 降雨量负相关关系不显著。

表 2-2　树干茎流量与降雨特征相关分析

项目	降雨量	降雨历时	I_{30}	I_{ave}	两次间隔	P_{24}
Pearson 相关性	0.979**	0.736**	0.779**	0.222	0.243	-0.226
显著性(双侧)	0.000	0.000	0.000	0.333	0.288	0.324

注:**在 0.01 水平(双侧)上显著相关。

从表 2-3 中可以看出,林冠截留量也同降雨量、降雨历时和 30 min 最大雨强有着极其显著的相关性,与降雨量的相关系数仍为最高,与 30 min 最大雨强的相关系数要高于与降雨历时的相关系数。

表 2-3　林冠截留量与降雨特征相关分析

项目	降雨量	降雨历时	I_{30}	I_{ave}	两次间隔	P_{24}
Pearson 相关性	0.957**	0.700**	0.854**	0.223	0.283	-0.202
显著性(双侧)	0.000	0.000	0.000	0.331	0.215	0.380

注:**在 0.01 水平(双侧)上显著相关。

总体上看,林内降雨量、树干茎流量、林冠截留量都和降雨量、降雨历时及 30 min 降雨强度显著相关。

2.1.2　树干流特征

树干流是当冠层枝叶水分饱和时,沿着树干分枝不断汇集,最终沿着树干流下的那一部分雨量。在实际研究中,因为树干流下的雨量往往很小,所以常被直接忽略。但树干流是林冠层降水再分配中的一项,对于准确确定林冠截留水量具有重要的意义。同时,对于减轻雨滴对林内土壤的直接击溅作用,保护土壤、防止水土流失,增加根基部位的水分,改变降水输入的养分含量等具有重要的作用。目前,关于树干流较为细致的研究较多地集中于降雨特征对树干流大小的影响、树干流养分特征等方面。为研究乔木冠层对林外降水的水量再分配作用,分析林外降水特征对树干流的影响,研究期间收集到的树干流降雨数据统计特征见表2-4。从表中可以看出,所观测到的树干流的数值确实较小,总树干流占林外降雨总量的比例为1.6%。

表2-4　研究期内树干流降雨数据统计特征　　　　　（单位:mm）

项目	林外降雨量	刺槐树干流
总和	1 250.64	19.61
平均值	14.05	0.22
标准差	22.98	0.38
最大值	146.80	1.51
最小值	0.10	0

树干流可减轻雨滴的击溅作用并增加根基周围的水分和养分含量,对保护土壤和树木生长意义重大,但因为树干流量少,在研究工作中常被忽略。目前,对树干流的研究主要集中在水质研究及树干流与树木特征、林分特征和降雨特征的关系上。从之前的研究分析得知,本研究中树干流与降雨量、30 min最大雨强和降雨历时有显著关系。通过分析树干流量与林外降雨量的关系,得出了如下关系式:

$$G = 0.000\ 09P^2 - 0.013\ 1P - 0.003\ 3, R^2 = 0.866, P < 0.001 \tag{2-1}$$

式中　G——树干流量,mm;

　　　P——林外降雨量,mm。

从拟合的公式和图2-2中可以看到,树干流量都随林外降雨量的增加而增加,回归方程更接近于2次多项式,拟合方程的R^2值大于0.8,拟合效果很好。通过观察,刺槐树皮坚硬,纵向沟壑发达,有利于径流顺树干流下。从树皮形态和物理性质方面来说,刺槐树皮吸水能力有限,在树皮吸水基本达到饱和后,树干流量增加速率有明显加强的趋势。

从之前的部分研究得知,树干流量与30 min最大雨强的相关关系比林内降雨量和截留量更加密切,而与降雨的平均雨强和前24 h降雨量的相关关系并不显著,这一点与万师强和Potter的研究结果有所不同。万师强等认为树干茎流量除与大气降水量密切相关外,还与前24 h的降水量有关,但与其他降水特性的相关关系不显著(万师强,陈灵芝,2000);而Potter认为树干茎流量只与降水量呈较强的正相关,与其他的降水特性无关

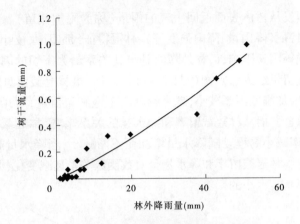

图 2-2　树干流量与林外降雨量的关系（刺槐）

（Potter,1992）。

通过分析树干流量与 30 min 最大雨强的关系得出了如下关系式：

$$G = 0.001\ 6 I_{30}^{2.118\ 1}, R^2 = 0.786, P < 0.001 \tag{2-2}$$

式中　G——树干流量,mm;

　　　I_{30}——30 min 最大雨强,mm/h。

从图 2-3 中可以看出,树干流量与 30 min 最大雨强呈非线性相关关系,经统计验证最接近于幂函数曲线,拟合的幂函数方程的 R^2 值大于 0.7,统计量 F 的相伴概率值 P 均小于 0.001,方程拟合效果较好。30 min 雨强越大的情况下,树干流量随雨强增加的幅度更加剧烈。这是因为小强度降雨容易被干燥的树皮吸收,而当降雨的瞬时强度足够大时,树干表面外界水分输入速率超过了树皮吸水的速率,就产生了树干流现象,此过程类似于地表径流的超渗产流原理。

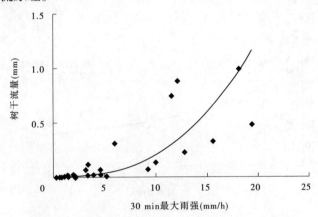

图 2-3　树干流量与 30 min 最大雨强的关系（刺槐）

2.1.3　林冠截留特征

林冠截留量包括 2 部分,即降雨终止时被截留在树木表面的雨水（称为吸附截留）和降雨过程中通过蒸发从树体表面返回大气的雨量(称为附加截留)。林冠截留是一个复杂的过程,受降雨特征(降雨量、降雨强度等)、林冠特征(郁闭度、枝叶量及其分布状况)、林冠湿度及小气候等因素影响,而林外降雨是与其关系最为密切的因素之一。将实测林外降雨量和林冠截留量绘成散点图(见图2-4),可以看出林冠截留量随着林外降雨量的增加而增大,但其增加幅度不断减小,越来越趋向于饱和截留量,用几种常见函数拟合发现线性关系最为适合。而从林冠截留率和降水量的关系来看,林冠截留率随降水量增加而减小,同时截留率减小的程度随降水量增加而不断减小,当降水量超过50 mm时截留率基本上达到稳定。林冠截留率和降水量呈对数函数关系递减变化(见图2-5)。

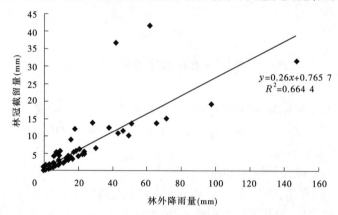

$$y = 0.26x + 0.765\ 7$$
$$R^2 = 0.664\ 4$$

图2-4　研究期内林冠截留量与林外降雨量的关系(刺槐)

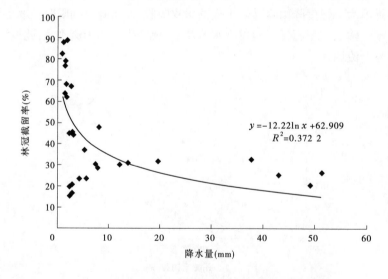

$$y = -12.22\ln x + 62.909$$
$$R^2 = 0.372\ 2$$

图2-5　研究期内林冠截留率与降水量的关系(刺槐)

2.2　枯落物层水文特征

枯落物层主要是指覆盖在林地土壤表面未分解、半分解的死地被覆盖物层,是森林生态系统的重要组成部分。林下枯落物因其特殊的疏松结构、较强的类似于海绵的吸水性和收缩弹性,具有截留降雨、削减雨滴、减小土壤侵蚀、调节地表径流、改变森林水文化学特性的功能。枯落物的量除了与凋落物归还量有关,也与其分解速率有关。本节从林分枯落物层的持水功能方面进行了定量分析研究,采用了传统的室内浸泡法对林分枯落物的持水过程和枯落物层的有效拦截量进行了研究。

2.2.1　枯落物持水过程

本研究中测定了林分的枯落物吸持水率与浸泡时间的关系(见图 2-6、图 2-7)。变化过程分 3 个阶段:持水迅速增加在 0 ~ 1 h;持水增加减慢在 1 ~ 6 h,趋于稳定在 6 h 以后。

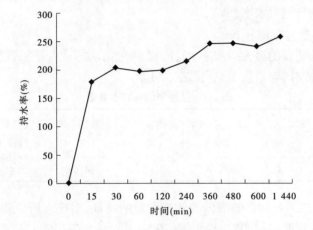

图 2-6　未分解层枯落物持水率变化(刺槐)

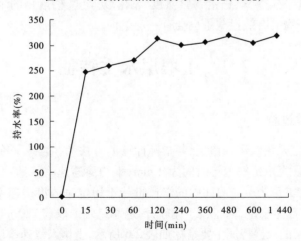

图 2-7　半分解层枯落物持水率变化(刺槐)

根据图 2-6、图 2-7 中表示的枯落物持水率随时间的变化情况,可把截持过程分为 3 个阶段。第 1 阶段为迅速吸收阶段,截持速率变化很快,截持降水主要受枯落物表面分子的吸附力作用,截持速率变化与枯落物的含水量关系密切;第 2 阶段为缓慢吸收阶段,随着枯落物含水量增加,枯落物截持速率逐渐降低;第 3 阶段为饱和阶段,随着截持过程的进行,截持速率逐渐趋向于零,这时枯落物本身吸收的降水量已经接近饱和,其余主要是在枯落物空隙中的自由重力水,枯落物湿重在某一值上下浮动后,达到最大持水量。

2.2.2　枯落物层有效拦截量

枯落物的最大持水量不代表枯落物的截留量,通常采用有效拦截量来估算枯落物对降水的实际拦截量,即:

$$W = (0.85 R_m - R_o) M \qquad\qquad (2-3)$$

式中　　W——有效拦截量,t/hm^2;

　　　　R_m——最大持水率(%);

　　　　R_o——平均自然含水率(%);

　　　　M——枯落物蓄积量,t/hm^2。

用室内浸泡法测得的最大持水率 R_m,R_o 和 M 采用实际调查结果数据,经过计算得出了刺槐林分枯落物层的有效拦截量(见表2-5)。

表 2-5　枯落物的有效拦截量

林分	干重 (t/hm^2)	最大持水量 (g/m^2)	最大持水率 (%)	自然含水率 (%)	有效拦截率 (%)	有效拦截量 (t/hm^2)	有效拦截深度 (mm)
刺槐	2.14	7.41	308.941	37.62	224.98	5.4	0.54

从表2-5中可以看出枯落物层的有效拦截量的特征,对比本研究得出的枯落物有效拦截量的结论和张振明等(2005)、徐娟等(2009)及白晋华等(2009)研究得出的结论有一定的区别,说明随着采样季节、枯落物紧实度、枯落物厚度、枯落物的干燥度等指标的差异,测得的实际枯落物的有效拦截量也会有一定差别。

2.3　土壤层水文特征

2.3.1　土壤入渗过程

土壤渗透性测定采用双环入渗法,各指标计算的方法为初渗率＝最初入渗时段内渗透量/入渗时间,本研究取最初入渗时间为 2 min;平均渗透速率＝达稳渗时的渗透总量/达稳渗时的时间;稳渗率为单位时间内的渗透量趋于稳定时的渗透速率。因所有土样渗透速率在 90 min 前已达稳定,为了便于比较,渗透总量统一取前 120 min 内的渗透量。

刺槐林分土壤层的入渗特征主要指标如表2-6所示,土壤入渗速率随时间的变化过程如图2-8所示。从图2-8中可以看出,入渗的开始阶段初期渗透速率很快,随着时间的推移,渗透速率下降,初始阶段土壤渗透速率降幅较大,此后土壤渗透速率的降幅逐渐减小,最后趋向于一个恒定值,即土壤稳定渗透速率。根据土壤水分渗透所受作用力和运动特性,土壤渗透曲线大致可分为 3 个阶段:渗透率瞬变阶段、渐变阶段和平稳阶段(莫菲,2008)。

表 2-6　刺槐林分土壤入渗特征指标

林分种类	初渗速率 （mm/min）	稳渗速率 （mm/min）	平均渗透速率 （mm/min）	渗透总量（120min） （mm）
刺槐	9.37	1.92	2.51	300

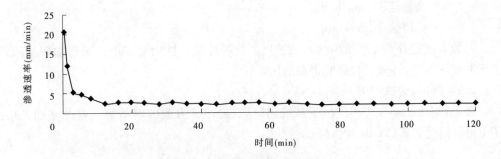

图 2-8　刺槐林分土壤入渗过程

渗透速率瞬变阶段发生在渗透的初期，从图 2-8 中可看出，在渗透开始的 0 ~ 5 min 内，土壤水分未能充满土壤非毛管孔隙，土壤水分处于非饱和状态，渗透速率变化剧烈。在分子力及重力作用下，渗透水量首先供给土壤非毛管孔隙，之后形成一定的水压，使下渗峰面快速延伸。土壤渗透渐变阶段主要发生在 5 ~ 60 min，此过程渗透速率继续变小，渗透速率的变化过程较为平稳，土壤水分主要受毛管力的作用，土壤水分继续做不平稳的流动，直到全部毛管孔隙充满水分，此阶段主要是土壤毛管孔隙的水分充填过程。稳定阶段主要发生在 60 min 以后，此时土壤孔隙已经全部充满水分，水分主要在重力作用下做渗透运动，最后达到饱和而接近稳渗速率。

2.3.2　土壤入渗模型

土壤水分入渗的数学模型有多种，无论是理论模型还是经验模型，都在一定程度上反映了土壤水分入渗规律。本文通过对常用入渗公式进行分析，结合前人的研究成果，选取概念较为明确、使用方便的 4 种模型对实测入渗过程进行拟合，包括 Kostiakov 公式、Horton 公式、Philip 公式和蒋定生公式。

2.3.2.1　Kostiakov 公式（1932）

该公式由 Kostiakov 提出（Kostiakov，1932）：

$$f = at^{-b} \tag{2-4}$$

式中　f——入渗速率，mm/min；

　　　t——入渗时间，min；

　　　a、b——由试验资料拟合的参数。

当 $t \to \infty$ 时，$f \to 0$；当 $t \to 0$ 时，$f \to \infty$；而当 $t \to \infty$ 时，只有在水平吸渗情况下才出现，垂直入渗条件下，显然不符合实际。但在实际情况下，只要能确定出 t 的期限，使用该公式还是比较简便且较为准确的。

2.3.2.2 Horton 公式(1940)

Horton 从事入渗试验研究时,提出了一个与他对渗透过程的物理概念理解相一致的方程(Horton,1940):

$$f = f_c + (f_o - f_c) e^{-kt} \qquad (2\text{-}5)$$

式中 k——特征常数;

f_o——初渗速率,mm/min;

f_c——稳渗速率,mm/min。

常数 k 决定着 f 从 f_o 减小到 f_c 的速度。这种纯经验性的公式虽然缺乏物理基础,但由于其应用方便,许多试验研究仍在沿用。

2.3.2.3 Philip 公式(1957)

Philip 对 Richards 方程进行了系统的研究,提出了方程的解析解。在此基础上得出了 Philip 简化公式(Philip,1957):

$$f = \frac{1}{2} s t^{-\frac{1}{2}} + f_c \qquad (2\text{-}6)$$

式中 s——吸渗率(%);

其他符号同前。

式(3-6)得到了田间试验资料的验证,具有重要的应用价值,但 Philip 公式是在半无限均质土壤、初始含水率分布均匀、有积水条件下求得的。因此,该式仅适于均质土壤一维垂直入渗的情况,对于非均质土壤,还需进一步研究和完善。再者自然界的入渗主要是降雨条件下的入渗,其和积水入渗具有很大的差异,因而将其直接用于入渗计算不够确切。

2.3.2.4 蒋定生公式

蒋定生在分析 Kostiakov 和 Horton 入渗公式的基础上,结合黄土高原大量的野外测试资料,提出了描述黄土高原土壤在积水条件下的入渗公式(蒋定生,1986):

$$f = f_c + \frac{f_1 - f_c}{t^{\alpha}} \qquad (2\text{-}7)$$

式中 f——t 时间的瞬时入渗速率;

f_1——第 1 min 末的入渗速率;

f_c——土壤稳渗速率;

t——入渗时间;

α——指数。

当 $t=1$ 时,$f=f_1$;当 $t\to\infty$ 时,$f=f_c$,因而该式的物理意义比较明确。但该公式是在积水条件下求得的,与实际降雨条件还有一定的差异。

用实测的土壤入渗过程数据同 4 种模型进行拟合,得出了不同模型的模拟精度和参数估计值(见表 2-7)。从表 2-7 中可以看出,不同的方程对于林分土壤入渗过程的模拟精度有所差异,Philip 公式对刺槐的模拟精度较高($R^2 > 0.8$);Horton 公式对林分模拟精度不高,R^2 值未超过 0.75;Kostiakov 公式对刺槐的模拟精度高,R^2 值都超过或接近 0.9;蒋定生公式对林分土壤入渗的过程模拟达到了很好的效果,拟合的 R^2 值大于 0.9。因此,可以得出,研究区域内用双环入渗法得出的土壤入渗过程用蒋定生公式拟合的效果最佳,其次为 Kostiakov 公式和 Philip 公式,而 Horton 公式模拟的效果最差。

表 2-7　刺槐林分土壤入渗模型拟合参数

Philip 公式		Horton 公式		Kostiakov 公式			蒋定生公式	
s	R^2	k	R^2	a	b	R^2	α	R^2
20.236	0.838	0.13	0.615	0.992	0.377	0.891	1.166	0.922

2.4　植被结构参数对降水输入的影响

植被结构的变化会影响到其水文过程和生态功能的发挥,在植被冠层对降水输入这一调控过程中,除了垂直结构与植被的水文生态功能有着密切联系,植被的水平结构也对这一过程具有不可忽视的影响作用。本研究选取了叶面积指数、郁闭度、生物量 3 个结构指标来研究植被结构对降水输入过程的影响。

2.4.1　叶面积指数对林冠截留的影响

叶面积指数是指单位面积上植物叶面积的大小,在森林结构因子中具有十分重要的地位。本书测得 15°、30°、45°、60°和 75°5 个天顶角的叶面积指数值,通过各角度测得的叶面积指数与研究期内该观测点上方平均林冠截留量做 Pearson 相关性分析可知,天顶角为 45°时所测得的叶面积指数与林冠截留量的相关性系数最大,因此本研究对 45°天顶角时所测得的叶面积指数数据进行结构指标分析。

林冠对林外降雨的截留作用部位,主要是叶片、枝干,因此叶面积指数的变化对森林植被的截留能力有着非常重要的影响,为了去除降雨雨量大小对林冠截留能力的影响,本书采用林冠截留率表示林冠的截留能力,与叶面积指数做相关性分析,结果见图 2-9。从图 2-9 中可以看出,刺槐的林冠截留率与叶面积指数呈现出较好的线性相关关系。

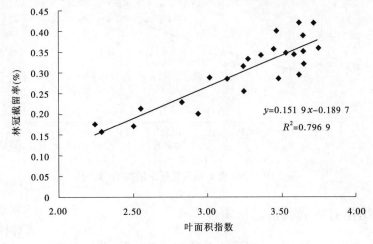

$y=0.151\ 9x-0.189\ 7$

$R^2=0.796\ 9$

图 2-9　叶面积指数与林冠截留率的关系(刺槐)

叶面积指数更多地反映了叶片数量的多少,直接影响的是林内穿透降雨量的多少,通过叶面积指数与林内穿透降雨量作回归分析,可以得到刺槐林分林冠截留率(I)与叶面积指数(LAI)的回归方程为:

$$I = 0.151\ 9LAI - 0.189\ 7, R^2 = 0.796\ 9, n = 24 \tag{2-8}$$

式中　I——林冠截留率,%;

　　　LAI——叶面积指数;

　　　n——降雨场数。

2.4.2　郁闭度对林冠截留的影响

郁闭度是林冠的投影面积与林地面积之比,是反映林分结构与密度的重要指标。郁闭度的测定方法很多,包括目测法、树冠投影法、样线法、样点法。这些方法的观测简易程度与准确率有着较大的区别。其中,利用冠层分析仪测定"可见天空比例"的方法来确定林分郁闭度,是目前较为公认的准确确定林分郁闭度的方法。

根据实测的郁闭度和叶面积指数进行回归分析,可以看出(见图 2-10),刺槐的林冠截留率与郁闭度呈现出较好的幂函数相关关系,林冠截留率(I)与郁闭度(C)的回归方程为:

$$I = 0.006\ 6e^{4.569\ 8C}, R^2 = 0.678\ 5, n = 24 \tag{2-9}$$

式中　I——林冠截留率(%);

　　　C——郁闭度;

　　　n——降雨场数。

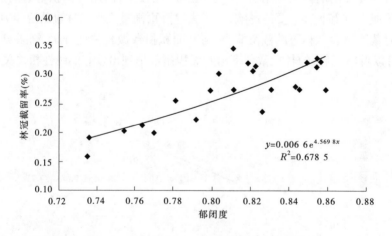

图 2-10　郁闭度与林冠截留率的关系(刺槐)

2.4.3　生物量对林冠截留的影响

生物量是指在某一时间单位面积上生物种的总个数、总干重或其所含能量。森林群落的生物量是指在一定时间内积累的有机物总量,可以是鲜重,也可以是干重。林内乔木树种的生物量主要包括树干、树枝、树叶的生物量,是影响到林内水分交替这一过程的主要因子,因此有必要对林内乔木树种的生物量进行研究。由于在研究中,伐倒林木会导致林冠截留过程研究受到影响,因此为保证单木生物量方程的计算精度,结合所测得的树高、胸径数据估算树种的单木生物量,然后乘以林分密度,可以得出林分的乔木生物量。

　　结合降雨数据,可知生物量对于林冠截留率的影响如图 2-11 所示。从图 2-11 中可以看出,生物量与林冠截留率呈现出正相关关系,林冠截留率(I)与生物量(B)的回归方程为:

$$I = 0.029\,2B - 1.042\,1, R^2 = 0.655\,3, n = 24 \tag{2-10}$$

式中　I——林冠截留率(%);

　　　　B——生物量;

　　　　n——降雨场数。

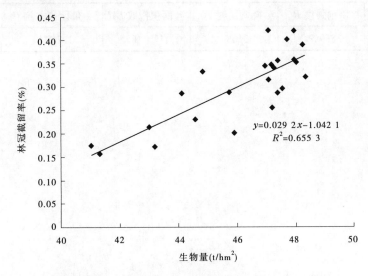

图 2-11　生物量与林冠截留率的关系(刺槐)

2.4.4　不同影响因子对林冠截留过程的贡献率

　　影响林冠截留量 I 的气象因子主要包括:降雨量 P、降雨强度 R、降雨历时 T 等;植被因子包括叶面积指数 LAI、郁闭度 C、生物量 B 等。前文分别就植被因子对林冠截留的影响做了单独分析,本小结就各因子对林冠截留的综合影响进行阐述。

　　将林冠截留量 I 设为因变量,将影响林冠截留量的各气象因子降雨量 P、降雨强度 R、降雨历时 T 等,以及植被因子叶面积指数 LAI、郁闭度 C、生物量 B 设为自变量,建立林冠截留量与各影响因子间的回归模型,回归模型中各参数的系数即可以表示其在影响林冠截留量中所占的贡献率(孙根行等,2009)。为了去除各因子在数量级间的差别,先对各参数进行标准化处理,再进行回归模拟,回归模型参数结果如表 2-8 所示,模型的复相关系数达到 0.95 以上,显著度小于 0.05,说明模型的模拟效果较好。

表 2-8 回归模型参数结果

自变量	因变量系数						模型检验		
截留量	降雨量 P	降雨强度 R	降雨历时 T	叶面积指数 LAI	郁闭度 C	生物量 B	R^2	F	sig.
I	1.047	−0.013	−0.050	0.015	0.017	−0.048	0.998	1 519.237	0

各参数系数占总参数系数的比重及为该参数对于自变量的贡献率,因而得到不同影响因子对各树种林冠截留量的贡献率,结果见表 2-9。从表 2-9 中可以看出,林冠截留量最重要的因子为降雨量 P,各因子的平均贡献率排序为:降雨量 P > 生物量 B > 叶面积指数 LAI > 降雨强度 R > 降雨历时 T > 郁闭度 C。可见林外气象因子对于林冠截留的影响要明显大于林冠特征因子。

表 2-9 各因子对林冠截留量的影响贡献率

降雨量 P	降雨强度 R	降雨历时 T	叶面积指数 LAI	郁闭度 C	生物量 B
62.1%	8.9%	3.6%	11.1%	1.2%	13.5%

第 3 章　坡面植被蒸散发规律研究

植物生长过程必然伴随着蒸腾作用,即植物体内的水分以气体状态向外界散失的过程。蒸腾作用是植物吸收和运输矿物质、有机物质的主要动力,是调节植物体内及植物与环境间水分平衡动态的重要方式。植物的被动吸水依赖于蒸腾作用,在炎热季节有助于降低叶温,保证植物的正常生长。因此,蒸腾作用是植物赖以生存的基本生理活动,是植物水分代谢的重要生理指标。影响蒸腾作用的内部因素是气孔内水汽压差和水汽运动的内部阻力,蒸腾作用同时受到外部气象因子(光照、空气相对湿度、大气水势、温度和风等)和土壤水分条件的共同影响,与植物本身的液流状况和叶水势等紧密相关。本章将对研究地区的蒸腾耗水规律进行研究,旨在了解蒸腾耗水的作用规律。

3.1　单木蒸腾特征

由于植物从土壤中吸收的水分约有95%通过蒸腾作用从体表散失,仅有极少量的水分直接用于植物自身的发育,所以蒸腾耗水量基本可以反映出植物从土壤中吸收的水量,而从树干测得的水分通量相当于植株蒸腾耗水的量。应用热扩散技术可以在保持树木自然生长条件下连续测定树干液流,因此本研究采用该技术对刺槐的蒸腾作用进行测定,对其规律性进行了分析研究。

3.1.1　不同天气条件下的单木蒸腾特征

在不同天气条件下,气象因子和树木的水分环境都不相同,本研究利用生长季(6~9月)实测的树干液流速率数据来比较3种较典型的天气状况下(晴天、阴天和雨天)树干液流变化特征的差异。

3.1.1.1　典型的晴天蒸腾特征

选取连续两天的典型晴好天气作为研究时段,树干液流速率变化过程如图3-1所示。从图3-1中可以看出,在晴天条件下树干液流速率在一日内呈单峰曲线变化趋势,与太阳辐射的日变化过程较为相似,很多研究都表明太阳辐射是树木蒸腾的主要启动因子。研究中发现树干液流启动时间在04:00~04:30,树干液流速率随着辐射量的增加而不断增加,最终达到峰值。

3.1.1.2　典型的阴天蒸腾特征

在阴天环境下,树干液流速率变化规律同晴天相比有了一定的区别。如图3-2所示,刺槐一直维持在较低的液流速率附近波动,变化趋势不明显。阴天树干液流到达顶峰的时间会推迟,并且其峰型出现较多的无规律波动,这主要是由于受阴天云量变化引起的太阳辐射强度无规律增减导致的(杜阿朋,2009)。而从波动幅度上看,阴天体现出来的变化率明显小于晴天。

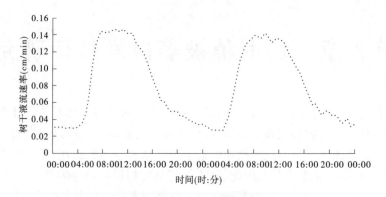

图 3-1　典型的晴天树干液流速率变化（刺槐）

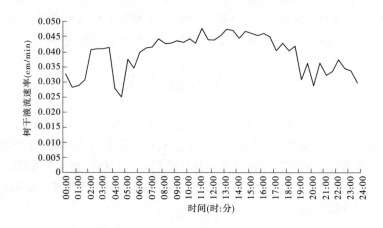

图 3-2　典型的阴天树干液流速率变化（刺槐）

3.1.1.3　典型的雨天蒸腾特征

选取雨天进行树干液流速率变化的研究,从图 3-3 中可以看出,该日降雨发生在整个白天,因此对辐射的削减作用很大,降雨的发生使得白天的树干液流速率较晴天有了明显减低。研究中还发现,在主要降雨过程结束后,夜间的树干液流速率有了小幅度的上升趋势,这说明土壤含水量和土壤水势的大幅度增加能够增加树木的夜间树干液流速率,但增幅并不大,比阴天时的平均树干液流值有所下降。

3.1.2　不同月份的单木蒸腾特征

3.1.2.1　相同天气条件下不同月份树干液流速率的差异

每年 5~9 月生长季的树木蒸腾耗水量能占全年耗水总量的 70% 以上,而由于不同树种生长过程不同,对环境因子的响应也就不同,因此不同月份的蒸腾量是有一定差异的。为研究不同月份的典型蒸腾特征差异,选取了每个月典型的晴天对不同月份日蒸发过程进行了对比分析。期间树干液流速率日变化情况如图 3-4 所示。

从图 3-4 可知,树干液流速率在各月的典型晴天的日变化都基本呈单峰曲线规律,但各月之间的变化规律有着较大的差异性。6 月 4 日（0.0749 cm/min）> 8 月 10 日

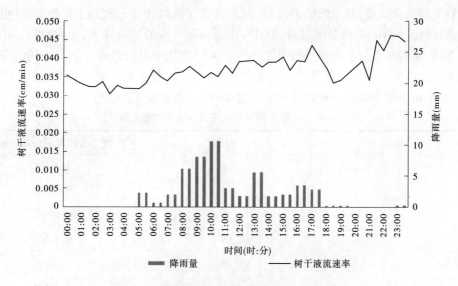

图 3-3　典型的雨天树干液流速率变化(刺槐)

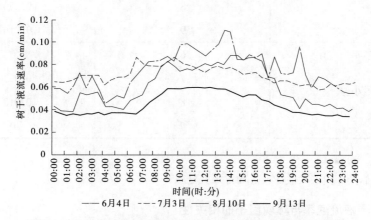

图 3-4　不同月份典型的晴天树干液流速率日变化情况(刺槐)

(0.060 1 cm/min)>7 月 3 日(0.058 6 cm/min)>9 月 13 日(0.044 6 cm/min)。从数值和大小关系上看,各月的树干液流速率日变化都不相同,其对不同环境因子的敏感程度可能也存在着一定的差异。

3.1.2.2　不同月份平均树干液流速率的差异

进入生长季后树木的液流速率和液流通量迅速增加,在生长季的不同时段,随着树木本身的生长过程和外界环境的变化,各月之间的平均值会有一定的差异。通过数据整合处理,计算 6~9 月每月刺槐的平均树干液流速率、最大树干液流速率和最小树干液流速率,得出结果如表 3-1 所示。从表 3-1 中可以看出,平均树干液流速率最大值出现在 8 月,这是由于 8 月平均气温仅次于 7 月,降水量为 7 月的 3 倍,降水日数比 7 月略少且降水日较为分散。8 月的气象条件同时具备了充分的水分供给和较强的蒸腾拉力,非常有益于植物的蒸腾作用。排在其次的是 6 月或 7 月,一些研究表明在降水月分布较为均匀的地区生长季林木的蒸腾耗水量是逐月递减的(杜阿朋,2009;于占辉等,2009)。因此,由于 6

月植物生理活动旺盛,其蒸腾能力较强,而7月由于其降水量较高(接近于8月)也有较大的蒸腾量。9月的平均温度最高,但月中出现为期一周的连续降水,大大减少了植物的蒸腾作用,使得9月的平均树干液流速率值为所研究几个月中最低。研究中还能发现最大树干液流速率一般出现在暴雨后的晴朗天气中,因此最大树干液流速率大都出现在8月,而最小树干液流速率一般出现在空气湿度较大、温度较低的夜晚。

表 3-1　　生长季不同月份树干液流速率特征(刺槐)

项目	月份	树干液流速率(cm/min)
平均值	6	0.065 7
	7	0.059 6
	8	0.094 1
	9	0.053 4
最大值	6	0.249 0
	7	0.235 9
	8	0.256 2
	9	0.216 6
最小值	6	0
	7	0.022 4
	8	0.018 3
	9	0

3.1.3　树木蒸腾特征与环境因子的关系

3.1.3.1　树干液流速率与环境因子的相关性

综合分析之前的相关研究,可得出树木蒸腾耗水主要受太阳辐射、大气温度、大气相对湿度、土壤温度、风速及其他多个环境因子的影响,但不同学者对不同地区和不同树种得出的研究结果有一定的差异(周海光等,2008;胡伟等,2010;于占辉等,2009;贾国栋等,2010)。本研究为了深入了解刺槐树木蒸腾特征与气象因子、土壤环境因子的相关性,选取了多个连续日逐小时的树干液流速率和同步测定的环境指标进行相关性分析。研究时段选定在7月1日至7月9日连续9 d,期间有2个降雨天气、6个连续晴天和1个阴天。选定的主要气象指标有大气温度(℃)、太阳辐射(W/m²)、相对湿度(%)、风速(m/s)、水汽压亏缺VDP(MPa)共5项,都为林外气象站测定的数据;主要土壤指标为20 cm深土壤水势(MPa)、5 cm深土壤温度(℃)和土壤体积含水率(%),由林下土中布设的2种传感器测得。在7月1日0时至7月9日0时期间,刺槐树干液流速率和各类气象、土壤指标变化情况见图3-5～图3-9。

太阳的辐射能量是导致气象因子变化的直接原因,受太阳辐射和气流影响,气温日变化呈单峰曲线型,由于空气有一定热容,气温的变化要滞后于太阳辐射(见图3-6)。林内

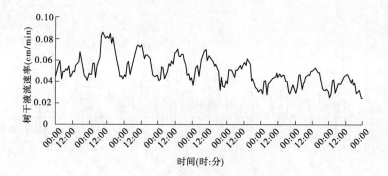

图 3-5　树干液流速率连续日变化（刺槐）

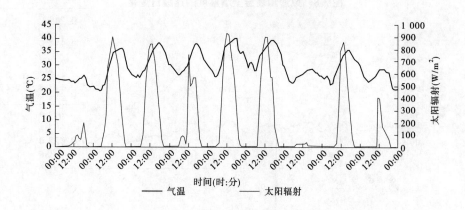

图 3-6　气温和太阳辐射的连续日变化

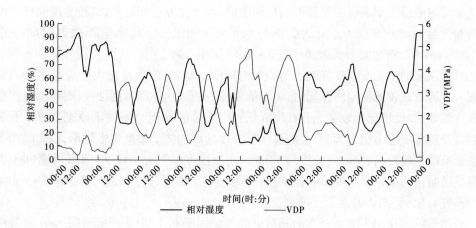

图 3-7　相对湿度和水汽压亏缺的连续日变化

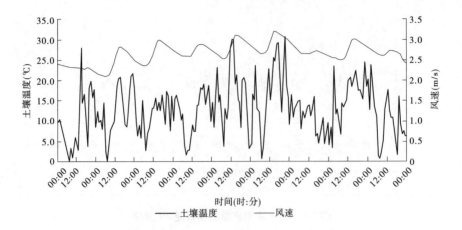

图 3-8　风速和表层土壤温度的连续日变化

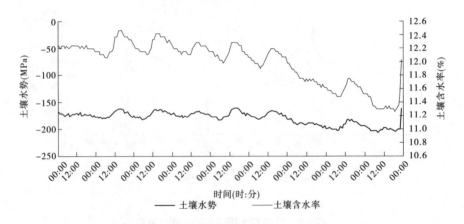

图 3-9　土壤水势和土壤含水率的连续日变化

空气相对湿度随太阳辐射和气温的变化而波动,但变化方向相反;水汽压亏缺同样受太阳辐射和气温的影响而变化,虽然波型与后两者较相似,但其到达峰值的时间一般在15∶00～16∶00,滞后太阳辐射和气温2～3 h(见图3-7)。

　　林内风速的变化受大气气流运动的影响规律不明显,但风速增大会加速水汽的蒸发过程。当风速在较低范围内波动时,树干液流速率随风速的增加而加快,而当风速在较高范围内波动时,此情况导致会气孔开度降低,甚至关闭,从而抑制树干液流。由于土壤的热容性及热传导阻力很大,而且会随着土层深度的增加波动幅度越来越小,因此选择了受气温影响敏感度较高、滞后性较小的5 cm深土壤温度作为研究对象。土壤水势和土壤含水量是影响植物根系吸水的最直接指标,因此选定了根际区分布最为密集的20 cm深度作为研究对象(见图3-9)。

　　将测得的刺槐树干液流速率同其对应的气象因子和土壤因子进行Pearson相关性分析,结果见表3-2。从表3-2中可以看出,刺槐的树干液流速率除同风速不相关,同土壤温度达到0.05水平显著相关外,同其他环境因子都达到了0.01水平的极显著相关,相关系数最高为太阳辐射,其次为土壤水势和土壤含水率。在这些环境因子中,气温、太阳辐射、

VDP、土壤含水率和土壤水势与树干液流速率呈正相关,而相对湿度、土壤温度与树干液流速率呈负相关关系,风速与树干液流速率的相关性不明确。

表 3-2 树干液流速率与相应环境因子的相关分析(刺槐)

项目	气温	相对湿度	太阳辐射	风速	VDP	土壤水势	土壤含水率	土壤温度
Pearson 相关系数	0.325**	−0.185**	0.645**	0.015	0.248**	0.557**	0.567**	−0.143*
显著性	0	0.007	0	0.824	0	0	0	0.036

注:**在 0.01 水平(双侧)上显著相关;*在 0.05 水平(双侧)上显著相关;$n = 216$。

3.1.3.2 树干液流速率的环境影响因子模型

利用多元线性回归方法,在连续日对刺槐进行树干液流速率系统观测的基础上,以树干液流速率为因变量,以气象因子和土壤因子作为自变量进行逐步回归。分别以 5% 和 10% 的可靠性作为因变量的入选和剔除临界值,得到树干液流速率和环境因子的多元线性回归方程,如式(3-1)所示。

$$y = -0.029 + 0.03x_1 + 0.023x_2 - 2.8 \times 10^{-4}x_3 -$$
$$0.01x_5 - 0.004x_7 + 0.011x_8, \quad R^2 = 0.771, \quad n = 216 \quad (3\text{-}1)$$

式中 y——树干液流速率,cm/min;

x_1——大气温度,℃;

x_2——太阳辐射,kW/m^2;

x_3——相对湿度(%);

x_5——水汽压亏缺 VDP,MPa;

x_7——土壤温度,℃;

x_8——土壤体积含水率(%)。

以上方程式的 F 检验都达到了在 0.01 水平上显著相关,复相关指数 R^2 值到了 0.7 以上,拟合效果较好。整体来看对树木蒸腾特征影响最为显著的环境因子是太阳辐射,气温、VDP 和相对湿度这几项气象指标也有较强的影响,土壤指标中土壤温度、土壤含水率与土壤水势也都有着较为重要的相关性,建议今后研究时选定的影响因素指标应该较为全面地考虑土壤相关因子。

3.2 林分蒸腾特征

随着热扩散技术的成熟,人们实现了对树干液流速率的连续观测,可以较好地测定单株树干液流速率,而科学家们已经越来越关注群落或林分尺度的蒸腾耗水规律,林分尺度的蒸腾耗水研究可以直接指导森林的经营管理。国内外很多学者对林木蒸腾尺度转化的问题进行了大量研究,Granier 和 Hatton 等学者提出基于单株树干液流测定估测出的单株蒸腾,结合叶面积、边材面积或胸径等空间纯量数据,可以实现从单株蒸腾量到林分的尺度转换。本研究选择树木的胸径和边材面积作为尺度扩展的关联指标,根据样地调查数据推算出林分的总边材面积,然后根据单株树干液流通量推算林分总蒸腾量。

3.2.1 从单株到林分的蒸腾量尺度转换

本研究利用了树木胸径和树木边材面积作为关联指标来进行尺度转换,首先得到不同树种边材面积与胸径直接的关系,然后用植被调查数据中的胸径指标来推算出林分的总边材面积,最后利用实测的树干液流通量数据推求出林分的实际蒸腾量。蒸腾量计算公式的推导过程如下:

单位时间通过单位树干断面面积的平均水流量为 J_s(树干液流通量密度),按式(3-2)计算:

$$J_s = 0.714 \times (d_{tmax}/d_{tact} - 1)^{1.231} \tag{3-2}$$

$$d_t = T_{1-0} - (T_{1-2} + T_{1-3})/2 \tag{3-3}$$

式中 J_s——树干液流通量密度,mL/(cm^2·min);

T_{1-0}——探头 S_0 与探头 S_1 的温度差,℃;

T_{1-2}——探头 S_2 与探头 S_1 的温度差,℃;

T_{1-3}——探头 S_3 与探头 S_1 的温度差,℃。

某一时段单木树干液流通量 Q_t 可以表示为:

$$Q_t = J_{st}A_s\Delta t \tag{3-4}$$

式中 Q_t——Δt 时间内单木树干液流通量,mL;

J_{st}——Δt 时间内平均树干液流通量密度,mL/(cm^2·min);

A_s——被测树木的边材面积,cm^2;

Δt——所测定时间,min。

结合胸径与边材面积的经验方程,可得出某一时段林分的总蒸腾量 E_a 为:

$$E_a = \sum_{i=1}^{n} Q_{ti} = \sum_{i=1}^{n} aD_i^b J_{st}\Delta t \tag{3-5}$$

式中 E_a——时段 Δt 林分的乔木总蒸腾量,mm;

i——所测林地内树木株数;

Q_{ti}——Δt 时间内第 i 棵单木树干液流通量,mL;

D_i——第 i 棵树的胸径,cm;

a、b——胸径 - 边材面积回归模型参数;

J_{st}、Δt 意义同前。

3.2.2 林分生长季的蒸腾量变化

通过 3.1 节的研究,计算得到了不同时间段的刺槐林分蒸腾量,如表 3-3 所示。

从表 3-3 中可以看出,生长季的刺槐林分总蒸腾量为 112.83 mL,生长季的林分乔木蒸腾量与降水量动态变化如图 3-10 所示。从图 3-10 中可以看出,在生长季 6~9 月内呈多峰曲线分布,第一个峰值在 6 月下旬,第二个峰值在 8 月下旬,第三个峰值在 9 月中旬,蒸腾量的峰值都出现在较大规模降雨后的连续晴天时。而蒸腾量的低谷值主要在 7 月上旬和 9 月上旬,都是在连续多日无降水的情况下出现的。从之前的理论研究可知,除降水条件外,林分的蒸腾量还与树种特征、边材面积、林分密度、林龄、气象因子、土壤因子等很多因素相关。

表 3-3　生长季不同时期林分蒸腾量变化

月份	日期	刺槐	
		$J_s[mL/(cm^2 \cdot min)]$	$E_a(mm)$
6	1~10	0.064	8.81
	11~20	0.064	8.85
	20~30	0.067	9.27
7	1~10	0.049	6.74
	11~20	0.069	9.52
	20~31	0.059	8.18
8	1~10	0.095	13.01
	11~20	0.095	13.09
	20~31	0.098	13.49
9	1~10	0.051	7.02
	11~20	0.066	9.02
	20~30	0.042	5.83
平均		0.068	9.40
总和		0.819	112.82

注:J_s 为树干液流通量密度,$mL/(cm^2 \cdot min)$;E_a 为林分乔木总蒸腾量,mm。

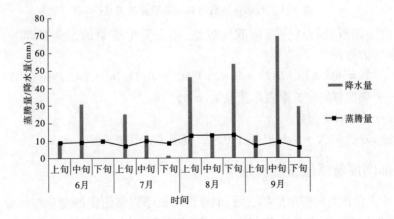

图 3-10　生长季乔木蒸腾量与降水量动态变化(刺槐)

3.3　植被结构参数与蒸散发的关系

3.3.1　叶面积指数与蒸散发的关系

本书利用 2 个生长季所测得的叶面积指数与林分总蒸散量建立相关关系,如图 3-11 所示。研究发现,林分总蒸散量与林分叶面积指数呈正相关关系,即叶面积指数越大,林分总蒸散量越大。原因可能是随着叶面积指数的增大,处于生长季的植被枝干叶都随之增长,导致植被的蒸腾作用加大。而乔木的蒸腾占总蒸散量的大部分,虽然枝叶的增长可能会导致林下蒸散发的减弱,但蒸散发的总体趋势还是会不断增大。

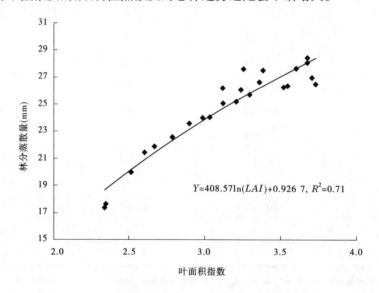

图 3-11　叶面积指数与林分蒸散量的关系(刺槐)

基于叶面积指数与林分总蒸散量数据,建立了生长季的总蒸散量与叶面积指数(LAI)的回归方程:

$$Y = 408.57\ln(LAI) + 0.926\,7, R^2 = 0.71, n = 24, P < 0.05 \qquad (3\text{-}6)$$

式中　Y——刺槐林的生长季内总蒸散量,mm;

　　　LAI——叶面积指数。

经检验,方程 R^2 大于 0.6,P 小于 0.05,模型拟合效果较好。

3.3.2　郁闭度与蒸散发的关系

根据叶面积指数与郁闭度的关系,推导出生长季内郁闭度的变化与林分总蒸散量的关系,如图 3-12 所示。研究发现,林分总蒸散量与郁闭度指数呈正相关关系,即郁闭度越大,林分总蒸散量越大。

生长季总蒸散量与郁闭度的回归方程为:

$$Y = -473.5x^2 + 835.9x - 341.2, R^2 = 0.954\,4, n = 24, P < 0.05 \qquad (3\text{-}7)$$

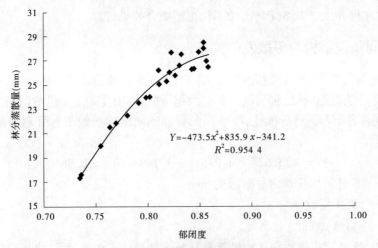

图 3-12　郁闭度与林分蒸散量的关系(刺槐)

式中　Y——刺槐林的生长季内总蒸散量,mm;

　　　x——郁闭度。

经检验,方程 R^2 大于 0.9,P 小于 0.05,模型拟合效果较好。

3.3.3　生物量与蒸散发的关系

根据叶面积指数与生物量的关系,推导出生长季内生物量的变化与林分总蒸散量的关系,如图 3-13 所示。研究发现,林分总蒸散量与生物量呈正相关关系,即生物量越大,林分总蒸散量越大。

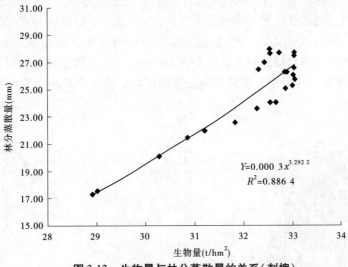

图 3-13　生物量与林分蒸散量的关系(刺槐)

生长季内总蒸散量与生物量的回归方程为:

$$Y = -0.000\,3x^{3.292\,2}, R^2 = 0.886\,4, n = 24, P < 0.05 \qquad (3\text{-}8)$$

式中　Y——刺槐林的生长季内总蒸散量,mm;

　　　x——生物量,t/hm^2。

经检验,方程 R^2 大于 0.8,P 小于 0.05,模型拟合效果较好。

3.3.4 不同植被结构与蒸散发的关系

为研究叶面积指数、郁闭度和生物量共同对生长季林地总蒸散量的影响,本书采用多元线性回归的方法,建立林地总蒸散量与叶面积指数、郁闭度和生物量的回归方程。运用 SPSS 软件,先将各指标进行标准化,线性回归得到不同结构指数与林分总蒸散量的关系为:

$$Y = -25.674 + 4.248x_1 + 1.149x_2, R^2 = 0.96 \tag{3-9}$$

式中　Y——刺槐林的生长季内总蒸散量,mm;

　　　x_1——叶面积指数,m^2/m^2;

　　　x_2——生物量,t/hm^2。

从式(3-9)看叶面积指数和生物量都与林分蒸散量呈正相关关系,之所以没有郁闭度指标是因为叶面积指数与郁闭度存在很大的共线性。将式(3-9)系数标准化后为:

$$Y = -25.674 + 0.446x_1 + 0.486x_2 \tag{3-10}$$

式中字母代表意义同前,叶面积指数和生物量的系数就是该指标的贡献率,可以看出生物量的影响略大于叶面积指数,这是因为林分蒸散量大部分是植被的蒸腾,而叶面积指数增大了叶片的蒸腾,生物量增大了整个植株的蒸腾,而生物量的增大也包含了叶片的增大,故生物量的贡献率略大于叶面积指数。

为检验模型的合理性,对上述模型进行 t 检验、F 检验和残差的正态性检验,如表 3-4 和图 3-14 所示。其中,F 检验表征模型中各自变量结合起来与因变量之间回归关系的显著性,从表 3-4 看出各自变量与因变量的线性关系显著性值均小于 0.001,达到了极显著性水平,这说明所得出的线性回归模型是可靠的,为了进一步验证这一点,又进行了模型残差和累积概率分析(见图 3-14),残差直方图表明模型学生化残差基本成标准正态分布,而观测变量累积概率也接近标准正态分布,从而进一步表明了模型的可靠性。此外,为了更具体地了解模型中每个自变量对因变量的影响是否显著而进行了 t 检验。

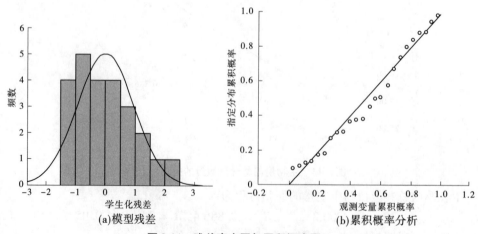

(a)模型残差　　　　　　　　　　(b)累积概率分析

图 3-14　残差直方图与累积概率图

表 3-4　显著性检验

检验	显著性值
F 检验	0.000
t 常数检验	0.000
t 叶面积指数检验	0.000
t 生物量检验	0.000

第 4 章　森林植被对径流过程的影响

4.1　林地坡面径流特征

不同的林分由于其植被情况、土壤状况、根系等其他条件的不同,其对地表径流、壤中流等径流组分的影响也有差异,本研究为了解不同林分对不同径流组分的影响,对不同林分的地表径流和壤中流进行定量分析和比较。

4.1.1　坡面总径流

2 个生长季(6~9 月)期间,研究区共降雨 41 次,其中有 9 场降雨使坡面产生径流,3 种植被类型径流小区的产流情况如图 4-1 所示。

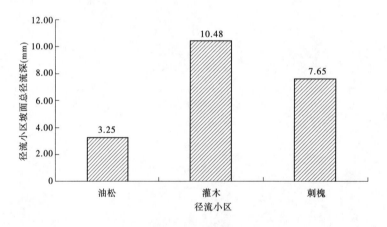

图 4-1　各试验径流小区坡面总径流深

从图 4-1 中可以看出,在相同的降雨条件下,3 个不同植被类型的径流小区的径流量也有所差异。在 3 个径流小区中,灌木径流小区的径流深最大,为 10.48 mm;其次为刺槐径流小区,其径流深为 7.65 mm;而油松径流小区径流深最小,为 3.25 mm。单场降雨条件下各径流小区产流量也表现出相同的规律,为灌木 > 刺槐 > 油松。

植被减少坡面径流主要是通过林冠截留、增加土壤入渗和增加坡面蒸散发而产生作用。乔木林与灌木林相比,乔木林冠层对降雨的截留量更大,一般可达到降雨量的20%~30%,同时其蒸腾作用要远远大于灌木的蒸腾量,因此其坡面蒸散量更大;乔木树种的根系可达土壤下 50~100 cm,而灌木的根系多分布在土壤表层 0~20 cm,乔木树种对于增加土壤孔隙度等的土壤改良作用更大,使得乔木林分的坡面土壤入渗量要远大于灌木林分。另外,由于生长季雨水充沛,乔木林下也有相当密集的灌木存在。因此,乔木林坡面径流量要远远小于灌木坡面。

就不同的乔木林分来说,其不同的林冠结构导致不同的林冠截留量,可能是其坡面产流量差异的主要原因。针叶树种由于其密集的针叶,具有更大的林冠截留量,甚至有些林冠截留量可达 30% 以上,因此在本研究中,刺槐林分坡面的径流量更大。

4.1.2　坡面产流分析

降水是坡面产流的最主要来源,尤其是对于季节性降水明显的黄丘三副区,其生长季 6~9 月降雨占全年降雨的 80% 以上。研究区 6~9 月的 2 个生长季期间共降雨 41 次,而只产流 9 次。从所有的降雨场次上看,大部分降雨的降雨量均小于 20 mm,而产流的 9 次降雨其雨量均大于 20 mm。因此,降雨量对坡面的产流有直接的影响作用,降雨量达到一定的阈值才会产生径流过程。

坡面产流形式主要分为蓄满产流和超渗产流 2 种,由此可知,降雨对坡面产流的影响中,除降雨量的影响外,降雨强度也是一个不容忽视的问题。就降雨过程对比,2 场降雨的雨量分别为 30.20 mm 与 24.20 mm,降雨量相差不大,但后一场降雨产生坡面径流,而前一场降雨则没有径流产生。这主要是由于两场降雨的雨强不同,后者的降雨雨强为 3.86 mm/min,而前者仅为 0.95 mm/min。

除降雨因素外,许多研究均指出,前期土壤含水量是影响坡面产流的一个非常重要的因素,尤其是对研究区生长季期间,降雨频繁,蒸散发强烈。前期降雨量越大,土壤越容易达到饱和,也就越容易产生地表径流。2014 年 9 月 1 日的降雨,降雨量达到 97.60 mm,降雨强度也较高,但并未产生径流。这主要是由于前期土壤含水量十分低,从 8 月 13 日至 8 月 31 日的 19 d 的时间内没有任何降雨,而 8 月气温高、辐射强,林地蒸散发强烈,土壤含水量十分低,因此尽管这场降雨雨量和雨强均较大,依然没有产生径流。

4.2　坡面径流过程特征

坡面产流方式一般有超渗产流和蓄满产流 2 种方式。超渗产流是指由于短时间内的高强度降雨,降雨量超过土壤的入渗量而产生的地表径流。而蓄满产流是指由于降雨量大且历时相对较长,土壤在高降雨量条件下达到饱和,且随着降雨的延续逐渐产生的地表径流,此时壤中流及其他浅层地下水流也开始产生。

本次降雨的雨量大,降雨强度较强,因此坡面产流为超渗产流,但由于降雨持续时间长,再加上坡面森林植被条件好,植被密集,坡面土壤的蓄水作用在坡面产流过程中也起到了不容忽视的作用。由于坡面土壤入渗和植被林冠截留等水文作用的影响,坡面径流发生时间一般要滞后于降雨发生时间,滞后时间的长短与地表土壤理化性质和植被状况有关。本次降雨在 3 种不同植被类型的径流小区产流滞后情况如表 4-1 所示。

表 4-1　各径流小区产流滞后情况

时间	油松	灌木	刺槐
降雨开始时刻	11:43	11:43	11:43
径流发生时刻	17:06	16:52	17:12
径流滞后时间	5 小时 23 分钟	5 小时 9 分钟	5 小时 29 分钟

从表中可以看出,本次暴雨条件下,各径流小区产流明显滞后于降雨过程。各径流小区产流时间和滞后时间也有明显差异。其中,灌木径流小区于 16:52 开始产生径流,产流滞后降雨 5 小时 9 分钟,其产流时间要明显早于乔木径流小区,其滞后时间也要明显少于乔木径流小区。2 个乔木径流小区产流时间和滞后时间也有一定差异,其中油松径流小区于 17:06 开始产流,滞后时间为 5 小时 23 分钟;刺槐径流小区的产流时间最晚,于 17:12 开始产流,其滞后时间也最长,为 5 小时 29 分钟。

各径流小区产流时间和滞后时间的差异主要是由不同坡面土壤入渗和植被截留不同导致的。灌木林的根系较浅,枯落物也较少,因此对土壤的改良作用较小,再加上其林冠截留量小,导致其土壤蓄满时间较短,因此灌木坡面与其他 2 个乔木坡面相比,其产流时间也较早,滞后时间较短;刺槐坡面其根系和枯落物对土壤的改良作用最大,土壤理化性质良好,再加上林冠截留作用的影响,因此其土壤蓄满时间最长,坡面产流时间也最晚,滞后时间最长;油松林冠截留量较大,但其枯落物松针的角质层含量大,较难分解,对土壤的改良作用有限。

4.3　植被结构参数与地表径流的关系

4.3.1　叶面积指数与地表径流的关系

本文利用 6~9 月 2 个生长季所测得的叶面积指数与各径流场地表径流数据建立相关关系,如图 4-2 所示,为了消除降雨这一对径流量影响最大的因子,故采用径流系数数据。研究发现,径流系数与林分叶面积指数呈负相关关系,即叶面积指数越大,地表径流系数越小。原因可能是随着叶面积指数的增大,极大地削弱了落在林地地表的降雨强度,同时林冠所截留的降雨量也越大,导致地表径流系数减少。

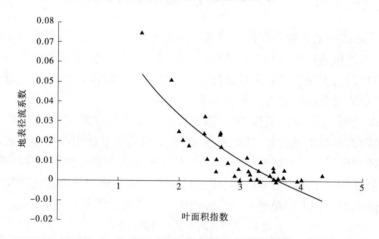

图 4-2　叶面积指数与地表径流系数的关系

基于叶面积指数与地表径流系数数据,建立了地表径流系数与叶面积指数(LAI)的回归方程:

$$R_1 = -0.05\ln(LAI) + 0.072, R^2 = 0.74, n = 36, P < 0.05 \tag{4-1}$$

式中　R_1——坡面地表径流系数；

LAI——叶面积指数。

经检验,方程 R^2 大于 0.7,P 小于 0.05,模型拟合效果较好。

4.3.2　郁闭度与地表径流的关系

根据叶面积指数与郁闭度的关系,推导出生长季郁闭度的变化与地表径流系数的关系,如图 4-3 所示。研究发现,地表径流系数与郁闭度指数呈负相关关系,即郁闭度越大,地表径流系数越小。

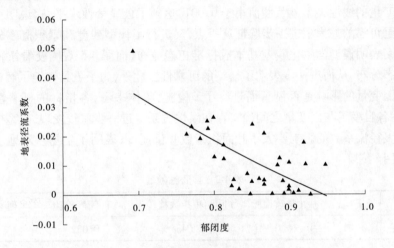

图 4-3　郁闭度与地表径流系数的关系

地表径流系数与郁闭度的回归方程为:

$$R_1 = -0.11\ln x - 0.006, R^2 = 0.61, n = 36, P < 0.05 \tag{4-2}$$

式中　R_1——坡面地表径流系数；

x——郁闭度。

经检验,方程 R^2 大于 0.6,P 小于 0.05,模型拟合效果较好。

4.3.3　不同植被结构与地表径流的关系

为研究不同的叶面积指数、郁闭度和生物量共同对地表径流的影响,本文采用多元线性回归的方法,建立地表径流与叶面积指数、郁闭度和生物量的回归方程。运用 SPSS 软件,先将各指标进行标准化,线性回归得到不同植被的不同结构指数与地表径流系数的关系为:

$$R_1 = 0.109 - 0.006x_1 - 0.056x_2 - 0.001x_3, R^2 = 0.73 \tag{4-3}$$

式中　R_1——坡面地表径流系数；

x_1——叶面积指数；

x_2——郁闭度；

x_3——生物量,t/hm^2。

从式(4-3)可看出,不同林分的叶面积指数、郁闭度和生物量都与地表径流系数呈负相关关系,将式(4-3)系数标准化后为:

$$R_1 = 0.109 - 0.248x_1 - 0.197x_2 - 0.558x_3 \tag{4-4}$$

式(4-4)中字母代表意义同上,各指标的系数就是该指标的贡献率,可以看出生物量的贡献率为55.8%,对地表径流系数影响最大。这是因为生物量增大主要是枝叶的增多,枝叶多了必然导致林冠截留量的增大,从而减少到地表的降雨量。同时,生物量的增大能促进根系改良土壤孔隙,增加土壤入渗量,从而减小地表径流系数。

为检验模型的合理性,对上述模型进行t检验、F检验和残差的正态性检验。其中,F检验表征模型中各自变量结合起来与因变量之间回归关系的显著性,从表4-2可看出自变量与因变量的线性关系显著性值小于0.001,达到了极显著性水平,这说明得出的线性回归模型是可靠的。为了进一步验证这一点,又进行了模型残差和累积概率分析,图4-4残差直方图表明模型学生化残差基本成标准正态分布,而图4-5观测变量累积概率也接近标准正态分布,从而进一步表明了模型的可靠性。此外,为了更具体地了解模型中每个自变量对因变量的影响是否显著而进行了t检验,整体来看,各指标的显著性值都小于0.05,说明各自变量与因变量之间确实存在线性关系。进一步比较发现,模型中表现出生物量对地表径流系数的影响要大于叶面积指数和郁闭度,表明了生物量对地表径流系数的主导作用。

表4-2　显著性检验

检验	F检验	t常数检验	t叶面积指数检验	t郁闭度检验	t生物量检验
显著性值	0	0	0.043	0.032	0.002

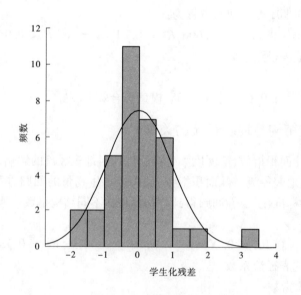

图4-4　地表径流系数残差直方图

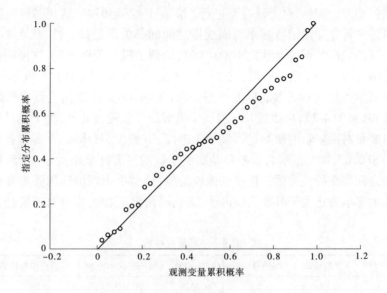

图 4-5　地表径流系数累积概率图

4.4　不同影响因子与坡面径流的关系

为研究不同的降雨量、雨强、雨前土壤含水率、叶面积指数、郁闭度和生物量共同对地表径流系数的影响,本文采用多元线性回归的方法,建立地表径流与各影响因子的回归方程。运用 SPSS 软件,先将各指标进行标准化,线性回归得到不同影响因子与地表径流系数的关系,且逐步回归中郁闭度被剔除,最终回归方程为:

$$R_1 = 2.068 - 8.327 \times 10^{-5}x_1 + 0.002x_2 - 0.001x_3 - 0.004x_4 - 0.001x_5, R^2 = 0.79 \tag{4-5}$$

式中　R_1——坡面地表径流系数;

x_1——降雨量,mm;

x_2——雨强;

x_3——雨前土壤含水率(%);

x_4——叶面积指数;

x_5——生物量,t/hm^2。

从式(4-5)可知除雨强对地表径流系数呈正相关关系外,其他影响因子都与地表径流系数呈负相关关系,将式(4-5)系数标准化后为:

$$R_1 = 2.068 - 0.197x_1 + 0.275x_2 - 0.107x_3 - 0.176x_4 - 0.324x_5 \tag{4-6}$$

式(4-6)中字母代表意义同前,各指标的系数就是该指标的贡献率,可以看出雨强和生物量的贡献率对地表径流系数影响最大,两者对地表径流系数的影响占到了 60%。这是因为丘三区产流形式以超渗产流为主,降雨强度对径流的影响较大,生物量的增大能减少到地表的降雨量和降雨强度,同时能促进根系改良土壤孔隙,增加土壤入渗量,从而减小地表径流系数。

　　为检验模型的合理性,对上述模型进行 t 检验、F 检验和残差的正态性检验。其中,F 检验表征模型中各自变量结合起来与因变量之间回归关系的显著性,从表 4-3 可看出自变量与因变量的线性关系显著性值小于 0.001,达到了极显著性水平,这说明得出的线性回归模型是可靠的。为了进一步验证这一点,又进行了模型残差和累积概率分析,残差直方图表明模型学生化残差基本成标准正态分布(见图 4-6),而观测变量累积概率也接近标准正态分布(见图 4-7),从而进一步表明了模型的可靠性。此外,为了更具体地了解模型中每个自变量对因变量的影响是否显著而进行了 t 检验,整体来看,各指标的显著性值大部分都小于 0.05,雨前土壤含水率和叶面积指数的显著性值略大于 0.05,说明各自变量与因变量之间存在线性关系。进一步比较发现,模型中表现出降雨强度和生物量对地表径流系数的影响要远大于其他影响因子,表明降雨强度和生物量对地表径流系数的主导作用。

表 4-3　显著性检验

检验	F 检验	t 常数检验	t 降雨量检验	t 雨强检验	t 雨前含水率检验	t 叶面积指数检验	t 生物量检验
显著性值	0	0.048	0.047	0.024	0.055	0.061	0.004

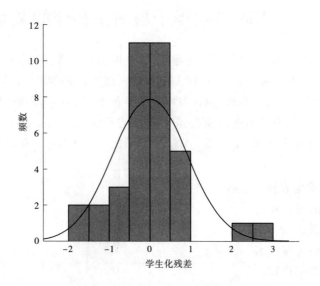

图 4-6　地表径流系数残差直方图

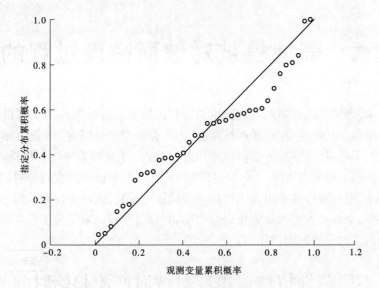

图 4-7　地表径流系数累积概率图

第 5 章　草地植被对坡面径流过程的影响

　　坡面是水沙的策源地,降雨对坡面水文过程的影响研究具有十分重要的水土保持意义。天然降雨由于其特性复杂、操控难度大,为了在较短的时间内获取尽可能多的数据用于水土保持方面的科学研究,人工模拟降雨开始兴起,并获得关注与发展,逐渐成为能够替代天然降雨的有效研究方法。人工模拟降雨的优点在于操控难度低、易控制,并且受外界条件影响小,通过野外与室内人工模拟降雨试验的研究,能够更快地了解不同条件下的产流侵蚀特征,从而极大程度地缩短研究周期。因此,本研究采用人工模拟降雨的方法探究草地植被对坡面径流的调控作用。

5.1　不同草地植被覆盖度对坡面产流起始时间的影响

　　坡面产流起始时间具体指的是从降雨开始到坡面形成径流的这一段时间,也称作初损历时,对于产流过程来说,产流起始时间是一个重要转折点,产流时间越长,就意味着下垫面发挥的作用更大,对水土流失的控制更有效。通常在降雨最初阶段,雨水会被植物截留,然后下渗土壤,坡面此时并不会有径流产生,随着降雨的持续进行,当降雨量大于植物截留量与土壤入渗量时,便会在坡面上形成水流,沿着坡面流动形成径流。

　　此次试验中,研究并记录了不同降雨强度下,不同草地植被覆盖度坡面的产流起始时间,产流时间由于雨强与覆盖度的不同,其值在 56 ~ 467 s。从图 5-1 ~ 图 5-3 中可以看到,在不同降雨强度条件下,坡面产流时间随着覆盖度的增加变大,草地植被具有良好的阻延径流的作用,草地植被覆盖对坡面产流时间的影响显著,而且当覆盖度超过 65% 之后,坡面的产流时间有大幅度的增长。这表明草地植被覆盖度对产流时间的影响为非线性关系,当草地植被覆盖达到一定程度时,坡面的产流时间会有较大的变化。

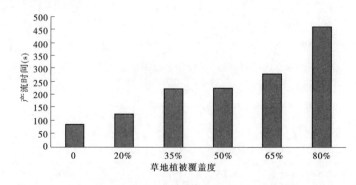

图 5-1　60 mm/h 降雨强度下不同草地植被覆盖度的坡面产流时间

　　在 60 mm/h 的降雨强度下,坡面的产流时间变化范围为 89 ~ 467 s;降雨强度为 90 mm/h 时,坡面产流时间的变化范围为 74 ~ 267 s;在 120 mm/h 降雨强度下,坡面产流时

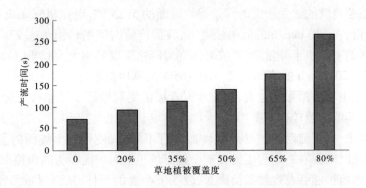

图 5-2　90 mm/h 降雨强度下不同草地植被覆盖度的坡面产流时间

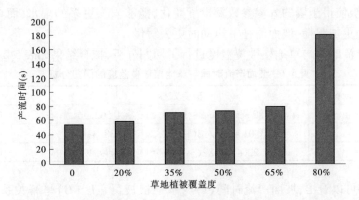

图 5-3　120 mm/h 降雨强度下不同草地植被覆盖度的坡面产流时间

间的变化范围为 56~183 s。在 60 mm/h、90 mm/h 与 120 mm/h 的降雨强度下,裸坡坡面的产流时间分别为 89 s、74 s、56 s;当草地植被覆盖度为 20% 时,坡面的产流时间分别为 130 s、94 s、61 s,此时 20% 的草地植被对坡面产流的延缓时间为 41 s、20 s、5 s;当草地植被覆盖度增加到 35% 时,坡面产流的时间为 226 s、113 s、73 s,相较于 20% 草地植被覆盖度的坡面,其延缓的产流时间为 97 s、19 s、12 s;坡面产流时间在 50% 草地植被覆盖度时,分别为 232 s、140 s、76 s,延缓时间为 6 s、27 s、3 s;当草地植被覆盖度为 65% 时,产流时间为 286 s、176 s、82 s,延缓时间为 54 s、36 s、6 s;在 80% 的草地植被覆盖度下,坡面产流时间为 467 s、267 s、183 s,延缓时间为 181 s、91 s、101 s,具体情况如表 5-1 所示。

表 5-1　不同草地植被覆盖度下的坡面产流时间

降雨强度（mm/h）	不同草地植被覆盖度下的坡面产流时间（s）					
	0	20%	35%	50%	65%	80%
60	89	130	226	232	286	467
90	74	94	113	140	176	267
120	56	61	73	76	82	183

草地植被覆盖度对于坡面产流时间的影响十分显著,在 60 mm/h 的降雨强度下,

80% 草地植被覆盖度的坡面产流时间是裸坡坡面的 5.25 倍；而在 90 mm/h 降雨强度下，该值为 3.61 倍；在 120 mm/h 的降雨强度下，坡面产流时间的倍值为 3.27。降雨强度对坡面产流时间的影响也十分重要，产流时间随着降雨强度的增大而减小，且减小的幅度十分明显。而在 120 mm/h 的降雨强度下，0～65% 的草地植被覆盖度下坡面的产流时间差距不明显，这是由于降雨强度过大，导致水流直接汇集到坡面上开始往下运动，草地植被截留与下渗土壤的雨量较少。

此次试验中，由于前期的预处理对坡面进行了降雨，使得各个坡面的土壤含水率相近，坡面的产流时间都有一定程度的提前。就草地植被对坡面径流的调控来看，从试验中可以得出，草地植被能够有效地截留雨水，改变下垫面的条件，从而对坡面径流起到阻延作用。一方面草地植被能够减小雨滴冲击在坡面上的能量，使得坡面产流更为平缓；另一方面，草地植被使得土壤的入渗参数发生了变化，能够入渗更多的雨水，而草地植被的存在也使得坡面更加粗糙，坡面流往下运动时更为缓慢。

将坡面产流时间与草地植被覆盖度进行了回归分析，拟合结果如表 5-2 所示。

表 5-2　坡面产流时间与草地植被覆盖度的回归分析

降雨强度(mm/h)	拟合方程	R^2
60	$t = 81.82 + 626.13C - 1\,444.21C^2 + 1\,562.56C^3$	0.968
90	$t = 73.01 + 186.12C - 443.24C^2 + 638.34C^3$	0.997
120	$t = 53.22 + 247.82C - 933.75C^2 + 1\,099.12C^3$	0.954

由表 5-2 可以看出，坡面产流时间(t)与草地植被覆盖度(C)呈幂关系，随着草地植被覆盖度的增加，坡面产流时间最终会呈现跳跃式的增长。在草地植被覆盖度范围之内，产流时间随着覆盖度的增加而增加，产流时间的长短为：80% 覆盖度坡面 > 65% 覆盖度坡面 > 50% 覆盖度坡面 > 35% 覆盖度坡面 > 20% 覆盖度坡面 > 裸坡坡面。覆盖度越大对产流时间的影响作用越明显。在草地植被覆盖度较低时，坡面产流时间随着覆盖度的变化不明显，当草地植被覆盖度超过 65% 时，坡面产流时间的变化显著。

5.2　不同覆盖度下坡面入渗速率的变化

土壤入渗作为土壤水循环的起点，对土壤水分动态变化有重要影响，土壤入渗受到土壤入渗能力的影响。一般土壤的入渗能力常用入渗率来表示，入渗率是指单位时间、单位面积内土壤表面入渗的水量(吴冰等，2011)，土壤入渗率的表达公式为：

$$i = P\cos\alpha - \frac{10R}{St} \tag{5-1}$$

式中　i——坡面入渗率，mm/min；

　　　P——降雨强度，mm/min；

　　　α——坡度；

　　　R——降雨时间内产生的径流量，mL；

　　　S——坡面实际承接降雨面积，cm^2；

　　　t——降雨时间，min。

不同降雨强度条件下,各个草地植被覆盖度的土壤入渗率随着降雨时间的变化,如图5-4所示。从图5-5中可以看出,尽管降雨强度与草地植被覆盖度条件不同,但是土壤入渗率的变化趋势整体呈现一致性,都表现为在降雨前期,土壤入渗率最大,随着试验的持续进行,土壤的含水率逐步增大,入渗率减小,最后坡面土壤入渗率趋于稳定。

可以看到土壤入渗率随着降雨强度的增大而增大,土壤入渗率在 60 mm/h 的降雨强度下最小,在 120 mm/h 的降雨强度下最大;土壤入渗率还随着草地植被覆盖度的增加而增加,在裸坡坡面土壤入渗率最小,而在 80% 草地植被覆盖的坡面土壤入渗率最大。此次试验中,在 60 mm/h 的降雨强度下,坡面的土壤入渗率在 0.08 ~ 0.94 mm/min,随着覆盖度的增加,土壤入渗率也随之增加;在 90 mm/h 的降雨强度下,坡面的土壤入渗率在 0.25 ~ 1.41 mm/min;在 120 mm/h 的降雨强度下,坡面的土壤入渗率稳定在 0.33 ~ 1.83 mm/min。从增幅来看,从裸坡到 80% 的草地植被覆盖,覆盖度对坡面入渗率的影响比从 60 ~ 120 mm/h 的降雨强度下更为显著。

从图5-4中也可以看出,随着降雨强度的增大;坡面土壤入渗率达到稳定的时间在减小。在 60 mm/h 的降雨强度下,土壤入渗率大概在 30 min 后趋于稳定;在 90 mm/h 的降雨强度下,土壤入渗率在 20 min 后趋于稳定;在 120 mm/h 的降雨强度下,土壤入渗率在 10 ~ 15 min 后达到稳定。导致这一现象的原因是下渗土壤的水流主要是通过土壤中较大的非毛管孔隙和一部分毛管孔隙,当降雨强度增大时,雨滴动能随之增大,坡面水深增加,地表水层的压力和雨滴打击对入渗水体产生的挤压力都相应增大;同时由于降雨强度的增大,坡面水流入渗的速度也随之加快,使得土壤含水量增大,进而减小了达到稳定入渗率的时间。

在相同降雨强度和坡度条件下,随着草地植被覆盖度的增大;坡面的稳定入渗率增大;在不同的降雨强度条件下,草地植被覆盖能延迟稳定入渗率出现的时间,但随着降雨强度的增大,延迟的作用被减弱。在雨强为 60 mm/h 时,裸坡条件下,坡面的稳定入渗率为0.20 mm/min;覆盖度为 20% 条件下,坡面的稳定入渗率为 0.34 mm/min;覆盖度为 35% 条件下,坡面的稳定入渗率为 0.39 mm/min;覆盖度为 50% 条件下,坡面的稳定入渗率为 0.48 mm/min;覆盖度为 65% 条件下,坡面的稳定入渗率为 0.55 mm/min;覆盖度为 80% 条件下,坡面的稳定入渗率为 0.89 mm/min。在雨强为 90 mm/h 时,裸坡条件下,坡面的稳定入渗率为 0.39 mm/min;覆盖度为 20% 条件下,坡面的稳定入渗率为 0.51 mm/min;覆盖度为 35% 条件下,坡面的稳定入渗率为 0.57 mm/min;覆盖度为 50% 条件下,坡面的稳定入渗率为 0.73 mm/min;覆盖度为 65% 条件下,坡面的稳定入渗率为 0.91 mm/min;覆盖度为 80% 条件下,坡面的稳定入渗率为 1.05 mm/min。在雨强为 120 mm/h 时,裸坡条件下,坡面的稳定入渗率为 0.46 mm/min;覆盖度为 20% 条件下,坡面的稳定入渗率为 0.72 mm/min;覆盖度为 35% 条件下,坡面的稳定入渗率为 0.78mm/min;覆盖度为 50% 条件下,坡面的稳定入渗率为 0.88mm/min;覆盖度为 65% 条件下,坡面的稳定入渗率为1.08 mm/min;覆盖度为 80% 条件下,坡面的稳定入渗率为 1.16 mm/min。可以得出,相对于裸露的坡面,草地植被能够增加地表糙度,使坡面流流速减小,延长了土壤入渗的时间。另外,随着覆盖度的提高,地表径流深度增加,即土壤水向下移动的压力势增加,入渗过程以更快的速率发生,在相同时间内湿润锋能移动到土壤更深处。

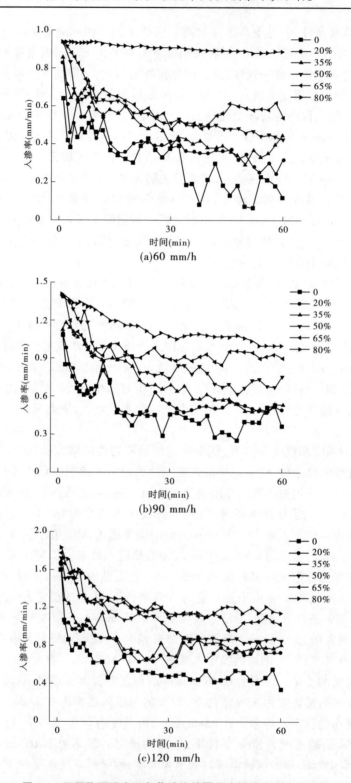

(a)60 mm/h

(b)90 mm/h

(c)120 mm/h

图5-4　不同降雨强度下各草地植被覆盖度的坡面入渗率变化

5.3　径流量的变化规律

5.3.1　相同降雨强度、不同覆盖度下的径流量变化

不同试验条件下,径流量－降雨时间曲线如图 5-5 所示。从图中可以看出,在试验开始的初期,径流量快速增长,然后渐渐的平稳;同时草地植被有明显的抑制产流作用,在各降雨强度条件下,随着草地植被覆盖度的增加,坡面最终稳定的径流量更小。

本次试验中,在降雨强度为 60 mm/h 的条件下,裸坡坡面的每分钟稳定径流量是 0.93 L/min,20% ~ 80% 的草地植被覆盖度的坡面每分钟稳定径流量为 7.8 L/min、6.51 L/min、5.52 L/min、4.53 L/min、0.43 L/min,80% 的草地植被覆盖度坡面,在 60 mm/h 的降雨强度下,能够最大限度地降低 95% 的径流量。而在 90 mm/h 及 120 mm/h 的降雨强度下,裸坡坡面最终的稳定径流量分别为 13.37 L/min 和 19.18 L/min,而 80% 的草地植被覆盖度的坡面稳定径流量分别为 3.71 L/min 和 8.68 L/min,能降低 72.2% 和 54.8% 的径流量(见表 5-3)。草地植被覆盖对坡面径流量有着显著影响,随着降雨的持续进行,坡面每分钟的径流量在逐渐上升,而高覆盖度的坡面径流量上升趋势更缓慢,低覆盖度的坡面上升趋势比较迅疾。降雨进行到 30 min 之后,此时草地植被及土壤已经充分发挥其截留雨水的功能,对径流量的影响不再有显著影响,因此坡面径流量趋于稳定,不再明显变化。可以看到在 80% 草地植被覆盖度的坡面,尤其是在 60 mm/h 与 90 mm/h 的降雨强度下,随着降雨的进行,坡面径流量没有 120 mm/h 降雨强度下的坡面径流量显著,这说明在黄土丘陵沟壑区,在应对 120 mm/h 的降雨情况时,草地植被已经无法起到显著影响。该区域的水土保持措施应当多层考虑,从垂直结构上进行水土流失防护,林、灌、草相结合地控制水土流失,还有其枯落物和土壤条件也能控制水土流失。

表 5-3 表示不同草地植被覆盖度下坡面的每分钟稳定径流量。此次试验中设置的最高 80% 的草地植被覆盖度坡面,在 60 mm/h 的降雨强度下,能够最大限度地降低 95% 的径流量。而在 90 mm/h 及 120 mm/h 的降雨条件下,相较于裸坡坡面的稳定径流量,80% 的草地植被覆盖度的坡面稳定径流量能降低 72.2% 和 54.8%。

表 5-3　不同草地植被覆盖度下坡面的稳定径流量

降雨强度	不同草地植被覆盖度下坡面的稳定径流量(L/min)					
(mm/h)	0	20%	35%	50%	65%	80%
60	9.32	7.81	6.51	5.52	4.53	0.43
90	13.37	12.19	9.69	7.53	6.45	3.71
120	19.18	15.87	14.82	11.88	9.76	8.68

在不同的降雨强度下,将径流量与草地植被覆盖度进行拟合。由图 5-6 ~ 图 5-8 可以看到,在 60 mm/h 的降雨强度下,随着草地植被覆盖度的增加,径流量的下降趋势由慢到快。拟合的函数曲线表示,在超过 80% 的草地植被覆盖度之后,坡面已趋近于不产流,在该降雨强度下,草地植被覆盖对于坡面流的影响十分显著。

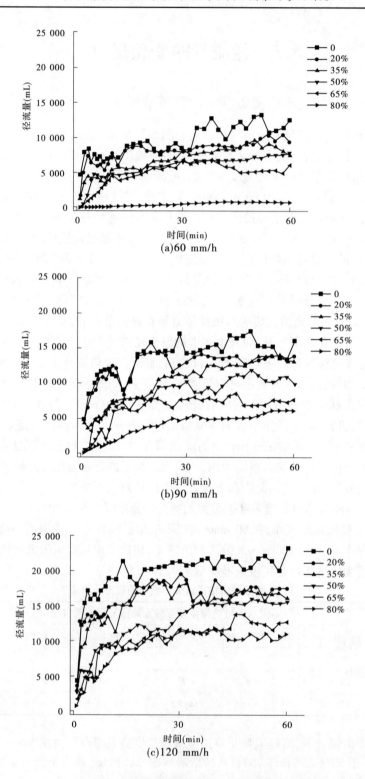

图 5-5　不同降雨强度条件下的坡面产流过程

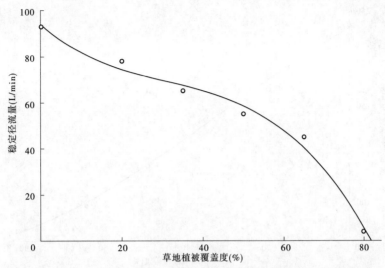

图 5-6　60 mm/h 降雨强度下稳定径流量 – 草地植被覆盖度的变化规律

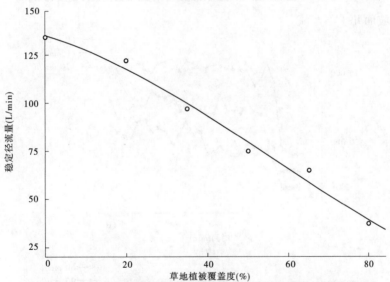

图 5-7　90 mm/h 降雨强度下稳定径流量 – 草地植被覆盖度的变化规律

5.3.2　不同草地植被覆盖度、相同降雨强度下径流量变化

　　在不同的降雨强度下,相同草地植被覆盖度的坡面径流量的变化也呈现前 10 min 快速增加,接下来逐渐趋于稳定的势态(见图 5-9)。随着降雨强度的增加,坡面径流量也逐渐增加。在相同的草地植被覆盖度下,各个降雨强度下的径流量差异明显,降雨强度对径流量的影响显著,在 80% 草地植被覆盖度的坡面,径流量趋于稳定的态势更为明显。

　　各个草地植被覆盖度下、不同降雨强度下的坡面径流量大小情况变化较为明显,呈现出降雨强度越大,径流量越大的情况,降雨强度对径流量的影响显著。在 80% 草地植被覆盖度的坡面,各雨强下径流量变化尤为明显,可以看到在 60 mm/h 的雨强下,该草地植

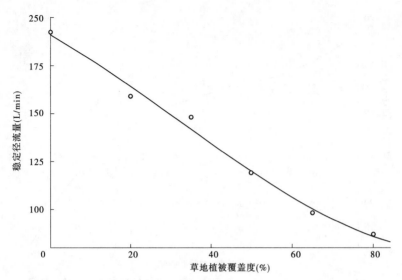

图 5-8　120 mm/h 降雨强度下稳定径流量 – 草地植被覆盖度的变化规律

被覆盖度的坡面几乎不产流。

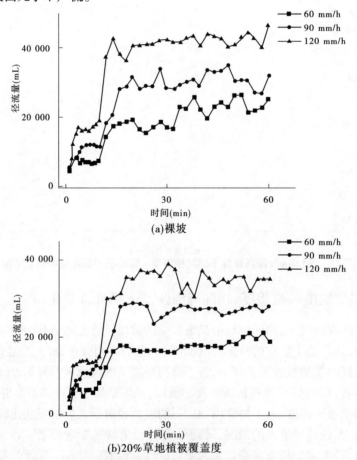

(a)裸坡

(b)20%草地植被覆盖度

图 5-9　不同降雨强度、各草地植被覆盖度下坡面的产流过程

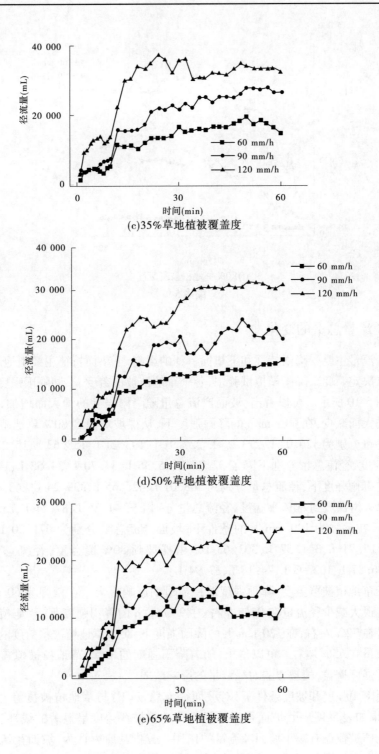

(c)35%草地植被覆盖度

(d)50%草地植被覆盖度

(e)65%草地植被覆盖度

续图 5-9

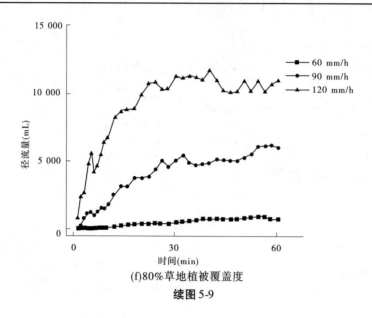

(f)80%草地植被覆盖度

续图5-9

5.3.3　径流量总量的变化

坡面径流量主要受降雨特性和下垫面特征的影响,下垫面特征主要由地形、地表覆盖及土壤因素决定。此次降雨模拟试验中,各个草地植被覆盖度、不同降雨强度下的坡面产流总量如图5-10所示。可以看出,坡面产流总量随降雨强度的增大而增加,随草地植被覆盖度的增大而减少,在60 mm/h 的降雨强度下,从裸坡坡面到80% 草地植被覆盖度的坡面径流总量分别为326.04 L、273.26 L、227.91 L、193.21 L、158.63 L、15.21 L。由裸坡到80% 覆盖度,径流总量分别下降了52.78 L、45.35 L、34.70 L、34.58 L、143.42 L。在90 mm/h 的降雨强度下,径流总量分别为468.01 L、426.65 L、339.24 L、263.46 L、225.77 L、129.90 L。由裸坡到80% 覆盖度,径流总量分别下降41.36 L、87.41 L、75.78 L、37.69 L、95.87 L。在雨强为 120 mm/h 的条件下,坡面产流总量分别为671.20 L、555.51 L、518.64 L、415.71 L、341.57 L、303.63 L。由裸坡到80% 覆盖度,径流总量分别下降115.69 L、36.87 L、102.93 L、74.14 L、37.94 L。

相较于草地植被覆盖度,降雨强度对径流量的影响更大。在雨强为 60 mm/h 时,草地植被覆盖最大减少径流量在95% 左右;在 90 mm/h 的降雨强度下,草地植被覆盖最大减小径流量在72% 左右;在120 mm/h 的降雨强度下,80% 草地植被覆盖度的坡面最大能减小的径流量在55% 左右。可以得出,随着降雨强度的增大,草地植被覆盖减小径流的作用被降雨强度掩盖,植被覆盖对径流量的影响减弱。

在不同降雨强度和坡度条件下,对坡面径流总量(V)与草地植被覆盖度(C)进行分析,分析结果如表5-4所示,坡面径流总量与草地植被覆盖度呈显著的线性正相关关系,这表明草地植被覆盖有减小坡面径流量的作用。分析其原因认为,坡面径流量主要是由土壤入渗特性和坡面承雨量决定的,在同一降雨强度和坡度条件下,坡面承雨量是相同的,则坡面径流量主要由土壤的入渗特性所决定。由于草地植被覆盖能够增加土壤入渗,且随着覆盖度的增大,土壤入渗增加的幅度也越大,因此地表草地植被覆盖具有减小径流

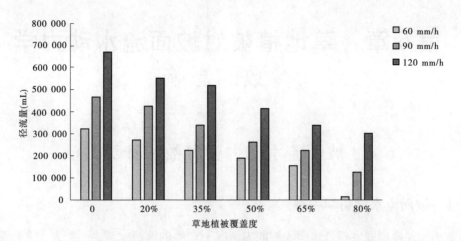

图 5-10　不同降雨强度、不同草地植被覆盖度下的坡面径流总量变化

量的作用,并且在覆盖度越大时减小径流量的作用越明显。

表 5-4　径流总量与草地植被覆盖度的相关性分析

降雨强度(mm/h)	拟合方程	R^2
60	$V = 344\ 529.15 - 349\ 164.19C$	0.912
90	$V = 487\ 332.07 - 428\ 382.99C$	0.980
120	$V = 663\ 739.02 - 470\ 465.77C$	0.986

第6章　草地植被对坡面流水动力学
参数的影响

6.1　坡面流水动力学参数及计算方法

6.1.1　坡面流水动力学参数

坡面流是降雨强度超过地面入渗能力情况下产生的薄层水流,土壤侵蚀是水流和土壤相互作用的复杂物理过程,坡面薄层水流侵蚀产沙主要通过平行于土壤界面的水流拖曳力来实现,而决定拖曳力大小的因子主要是水动力学特性(付兴涛,2012),搞清楚坡面流的水动力学特点是进一步研究侵蚀过程规律的基础。在对坡面流水动力学特征进行分析时,主要是采用研究河流动力学特征参数来描述坡面流特性。反应坡面流水动力学特性的主要指标为径流深、坡面径流流速、雷诺数、弗劳德数、阻力系数。

径流深指的是计算时段内某一过水断面上的径流总量平铺在断面以上流域面积上所得到的水层深度。径流深是反映径流水动力特性的基本因素,但由于坡面流水层极薄,采用实测法并不能准确地进行测定,因此假定坡面薄层水流沿坡面是均匀分布的,通过相关公式计算得出坡面流径流深。径流深主要受到流速、过水断面宽度及径流量的影响。

坡面径流流速是表征水动力学参数的重要指标。流速是研究其他水动力学参数的重要基础,流速的变化涉及各个方面,降雨强度的变化、坡面坡度的变化、草地植被覆盖的变化及土壤的变化等都会引起坡面流流速的改变。

在流体力学中,雷诺数是流体惯性力与黏性力比值的量度,是一个无量纲数。雷诺数是否大于580是判定流型的依据。当雷诺数小于580时,黏滞力对流场的影响大于惯性力,流场中流速的扰动会因黏滞力而衰减,这时候的流体流动稳定,坡面流为层流;相反,当雷诺数大于580时,惯性力对流场的影响大于黏滞力,流体流动较不稳定,流速的微小变化容易发展、增强,形成紊乱、不规则的紊流流场。雷诺数主要受到流体密度、动力黏度,以及流场的特征速度、特征长度的影响。

弗劳德数在水动力学上的意义为水流的惯性力和重力2种作用的对比关系。当弗劳德数 $Fr > 1$ 时,惯性力对水流起主导作用,水流为急流;当弗劳德数 $Fr < 1$ 时,重力起主导作用,水流为缓流;当弗劳德数 $Fr = 1$ 时,重力、惯性力作用相等,水流为临界流。

阻力系数是径流向下运动过程中受到的来自水土界面的阻滞水流运动力的总称,它是研究坡面流水力学特性的重要参数,直接影响其他坡面流水动力学参数。阻力系数越大,说明水流克服坡面阻力所消耗的能量就越大,则用于坡面侵蚀和泥沙输移的能量就越小,坡面侵蚀产沙就越小。

6.1.2 坡面流水动力学参数的计算方法

6.1.2.1 径流深(R)

径流深指的是计算时段内某一过水断面上的径流总量平铺在断面以上流域面积上所得到的水层深度。要计算径流深需要假定水流沿坡面分布均匀。

$$R = \frac{A}{X} \tag{6-1}$$

式中 A——过水断面面积,cm^2;

X——湿周周长,cm。

若横断面为矩形,那么:

$$R = \frac{Bh}{B + 2h} \tag{6-2}$$

式中 B——细沟宽度,cm;

h——细沟水流的深度,cm。

6.1.2.2 径流流速

坡面地表径流流速采用染色法测得,设置 5 个测量断面,测定时用滴管将红墨水滴到坡面上,距试验小区坡底的距离分别为 0.5 m、1.5 m、2.5 m、3.5 m、4.5 m,每个测量断面上取 3 个点进行流速的测定,测量点距小区边界的距离分别为 0.3 m、0.5 m、0.7 m。每个测量点测定 6 次流速,取平均值,根据流态进行修正,得到最终的平均流速。

6.1.2.3 雷诺数

无量纲参数雷诺数反映了径流惯性力和黏滞力的比值,是判定水流流态的重要参数。当雷诺数 >580 时,坡面流流态为紊流;当雷诺数 <580 时,坡面流流态为层流;当雷诺数在 580 左右时,流态为过渡流。雷诺数的计算公式为:

$$Re = \frac{vR}{v} \tag{6-3}$$

式中 v——流速,cm/s;

v——运动黏滞系数,cm^2/s,$v = \dfrac{0.017\ 75}{1 + 0.033\ 7t + 0.000\ 221\ t^2}$($t$ 为试验时水的温度)。

6.1.2.4 弗劳德数

弗劳德数(Fr)反映了水流的惯性力与重力之比,它是一个无量纲参数,是表征水流流态的重要参数。当 $Fr > 1$ 时,惯性力对水流起主导作用,水流为急流;当 $Fr < 1$ 时,重力起主导作用,水流为缓流;当 $Fr = 1$ 时,重力和惯性力作用相等,水流为临界流。弗劳德数的计算公式为:

$$Fr = \frac{v}{\sqrt{gh}} \tag{6-4}$$

式中 g——重力加速度,m/s^2;

h——细沟水流的深度,m。

6.1.2.5 阻力系数(f)

阻力系数是径流向下运动过程中受到的来自水土界面的阻滞水流运动力的总称,阻力系数越大,说明水流克服坡面阻力所消耗的能量就越大,则用于坡面侵蚀和泥沙输移的能量就越小,坡面侵蚀产沙就越小。阻力系数的计算公式为:

$$f = \frac{8gRJ}{v^2} \tag{6-5}$$

式中　　J——水力坡度,对于均匀流,$J = i = \sin\theta$,θ 为小区坡度。

6.2　草地植被覆盖下水动力学参数的变化

6.2.1　草地植被覆盖度对坡面流流速的影响

　　坡面流对坡面的侵蚀能力与坡面流流速有着紧密的关系,而坡面流的流速受坡面流量、坡度及地表覆盖度的影响较深。坡面流流速是表征土壤侵蚀能力的重要指标,也是计算其他水动力学参数的基础,因此研究坡面流流速是研究坡面流水动力学特征的基础。

　　3 种降雨强度下不同草地植被覆盖度的坡面流流速随着试验进行所发生的变化,如图 6-1 所示。由图 6-1 可以看出,坡面流流速随着降雨时间的持续大致呈现增长趋势,增长幅度较小,且在一段时间后流速逐渐趋于稳定,可以看到降雨强度越大,坡面流流速的变化波动幅度越小。在 60 mm/h 与 90 mm/h 的降雨强度下,各个覆盖度的坡面流流速能够明显的区分开,而在 120 mm/h 的降雨强度下,坡面流流速变化不大且流速也相差较小。在 60 mm/h 与 90 mm/h 的降雨强度条件下,坡面流流速达到稳定的时间在 25 ~ 30 min;而在 120 mm/h 的降雨强度下,坡面流流速在 20 min 达到稳定值。这说明随着降雨强度的增大,坡面流流速趋于稳定所需的时间越短。这是因为,随着坡面开始进行产流,坡面的土壤含水量开始迅速增加,并逐渐趋于饱和,这使得土壤入渗率逐渐减小。无论什么降雨条件,相同条件的下垫面所能拦截、吸收的径流量总量是一致的,降雨强度的增加导致坡面在相同时间内承载的径流量更多,下垫面达到饱和的时间越短使得土壤入渗率趋于饱和的时间越短,坡面流流速达到稳定的时间也因此缩短。

　　在 60 mm/h 的降雨强度条件下,由裸坡到 80% 覆盖度的坡面流稳定流速为 8.11 m/min、6.18 m/min、5.27 m/min、5.55 m/min、5.42 m/min、3.63 m/min;在 90 mm/h 的降雨强度条件下,由裸坡到 80% 覆盖度的坡面流稳定流速为 9.10 m/min、8.06 m/min、7.08 m/min、6.47 m/min、6.00 m/min、3.91 m/min;而在 120 mm/h 的降雨强度条件下,由裸坡到 80% 覆盖度的坡面流稳定流速为 11.30 m/min、9.81 m/min、9.89 m/min、9.32 m/min、8.84 m/min、9.31 m/min。可以得出,降雨强度对坡面流稳定流速有着显著影响,尤其在 60 mm/h 与 90 mm/h 的降雨强度下,随着草地植被覆盖度的增大,坡面流流速随之减小;随着降雨强度的增大,坡面流稳定流速随之增大。研究其原因认为,在其他条件不改变的情况下,只增加降雨强度,坡面所要承载的雨量增大,坡面所产生的径流量增多,更多的雨水汇集成径流沿坡面向下运动,相较于低降雨强度,此时的径流质量更大,水流受到的沿坡面的重力更大;降雨强度的增大使得雨滴的动能增大,击溅在坡面上的能量更多,使得土壤更容易产生地表结皮,进而导致坡面变得更为光滑、阻力减小,从而导致坡面流流速增大。

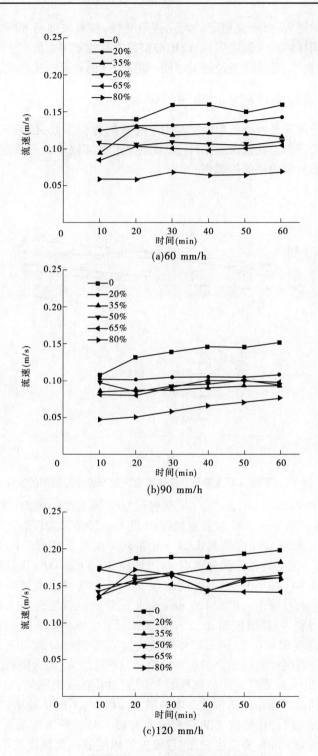

图 6-1　不同降雨强度下各覆盖度坡面流的流速

坡面有草地植被覆盖时对坡面流流速也有着显著影响。从图 6-1 中可以看到,随着草地植被覆盖度的增大,坡面流稳定的流速逐渐变慢,裸坡坡面与80%覆盖度的坡面流速差异显著。在同样的降雨强度下,草地植被覆盖能有效地增大坡面土壤入渗率,减少地表径流,并能拦截雨水、延长地表径流的时间与距离,从而延缓径流流速。

6.2.2　草地植被覆盖度对水流流深的影响

坡面流平均径流深是表征坡面流水动力学特征的重要参数,径流深是计算坡面流其他水动力学参数的基础。此次试验条件下,坡面流水深都较小。各草地植被覆盖度下不同降雨强度的坡面流平均径流深如图6-2所示。

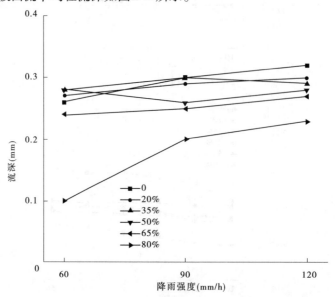

图6-2　不同降雨强度与草地植被覆盖度下坡面径流深的变化

在降雨强度为60 mm/h的条件下,从裸坡到80%覆盖度的坡面,坡面流平均径流深分别为:裸坡坡面0.26 mm、20%覆盖度坡面0.27 mm、35%覆盖度坡面0.28 mm、50%覆盖度坡面0.28 mm、65%覆盖度坡面0.24 mm和80%覆盖度坡面0.1 mm;而在90 mm/h的降雨强度下,坡面流平均径流深分别为:裸坡坡面0.30 mm、20%覆盖度坡面0.29 mm、35%覆盖度坡面0.30 mm、50%覆盖度坡面0.26 mm、65%覆盖度坡面0.25 mm和80%覆盖度坡面0.2 mm;在降雨强度为120 mm/h的条件下,从裸坡到80%覆盖度的坡面,坡面流平均径流深分别为:裸坡坡面0.32 mm、20%覆盖度坡面0.30 mm、35%覆盖度坡面0.29 mm、50%覆盖度坡面0.28 mm、65%覆盖度坡面0.27 mm和80%覆盖度坡面0.23 mm。可以得到,降雨强度的增加会引起坡面流径流深的增大,因为随着降雨强度的增大,坡面承载的雨量增大,坡面产生的径流量增大,从而冲刷的径流深增大。

坡面流平均径流深随草地植被覆盖度的增大而增大,不同草地植被覆盖度下坡面流平均径流深的大小关系为:裸坡<20%覆盖度坡面<35%覆盖度坡面<50%覆盖度坡面<65%覆盖度坡面<80%覆盖度坡面,且增加的幅度随降雨强度的增大而增大。其原因可能是:在同一降雨强度条件下,草地植被覆盖使坡面径流量减少,流速变缓,当地表径流流经坡面上的草地植被时,草地植被的拦截作用使坡面流径流深变大;当雨强增大时,地表径流流速较大,在地表径流流经草地植被时,径流深增加的幅度也就越大,从而使坡

面砾石间的径流深增大。

6.2.3　草地植被覆盖下雷诺数的变化

雷诺数 Re 反应的是惯性力与黏性力之间的比值关系,其数值是否超过 580 是判断水流流态为层流或者紊流的无量纲参数。流型是指水流流动的形态,水流流型一般分为层流、过渡流和紊流,通过雷诺数 Re 能够对坡面流的水流流型进行判断。当坡面流为层流,即雷诺数 $Re < 580$ 时,径流流速受到黏性力的作用更大,径流流动更为稳定;而当坡面流为紊流,即雷诺数 $Re > 580$ 时,径流流动发生紊乱的情况较为严重,更易造成土壤侵蚀。

由图 6-3 可以看到,在不同的降雨强度下,各个草地植被覆盖度的坡面雷诺数变化随着试验时间的持续呈现增长的趋势。在 60 mm/h 的降雨强度下,这一变化趋势不太显著,增长幅度相较于 90 mm/h 和 120 mm/h 降雨强度下的坡面小。在 60 mm/h 的降雨强度下,雷诺数在前 10 min 增长比较迅速,在试验进行了 25 min 左右,雷诺数增长趋势趋于

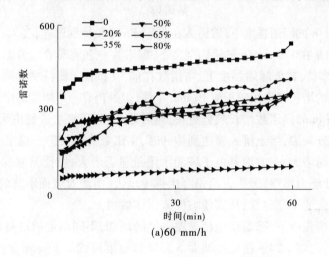

(a)60 mm/h

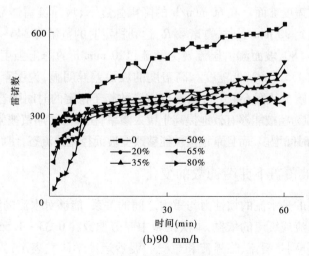

(b)90 mm/h

图 6-3　不同降雨强度下雷诺数的变化

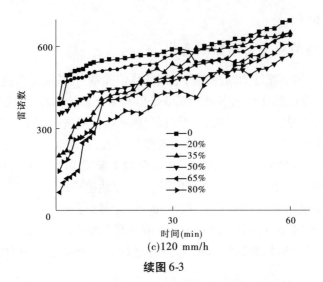

(c)120 mm/h

续图 6-3

平稳;而在 90 mm/h 的降雨强度下,雷诺数在前 8 min 增长特别迅速,在 15 min 后增长趋势逐渐趋于稳定;但是在 120 mm/h 的降雨强度下,雷诺数一直呈现增长趋势,在试验结束时,仍呈现小幅度的增长,在该降雨强度下,雷诺数在前 10 min 增长特别迅速,在试验进行 10 min 之后,雷诺数的增长趋势相较于前 10 min 平缓,但是仍有一定幅度的增长。

在试验前 15 min,雷诺数增长趋势更快,然后逐渐趋于稳定,这是由于降雨初期,土壤的作用会引起水分入渗,当土壤入渗达到饱和时,雷诺数由增长趋于稳定。而雷诺数随着降雨强度的增大而增大,一方面是由于坡面承雨量显著增大,坡面流水深增大,坡面流流速加快,径流挟沙能力增强;另一方面是降雨强度增大、雨滴对坡面水流的击打作用加大,都增加了坡面水流的不稳定性,从而使坡面流雷诺数增大。

在同样的降雨强度下,随着草地植被覆盖度的增加,不同草地植被覆盖下坡面流雷诺数的大小关系为:裸坡 >20% 覆盖度坡面 >35% 覆盖度坡面 >50% 覆盖度坡面 >65% 覆盖度坡面 >80% 覆盖度坡面。在 60 mm/h 的降雨强度下,坡面流雷诺数 Re 都小于 580;而当降雨强度增加到 90 mm/h 时,雷诺数 Re 达到稳定时的范围为 346~611,在覆盖度低的坡面雷诺数 Re >580,坡面流由层流转为紊流;120 mm/h 的降雨强度下,雷诺数 Re 稳定后的数值范围在 435~663,低盖度和高盖度的坡面差异明显,说明草地植被覆盖度对雷诺数有着显著影响。从图 6-4 中可以看出雷诺数趋于稳定的时间随着植被盖度的增加而有所上升,这是因为植被能够有效地提高土壤入渗率,在降雨前期植被盖度的增加使得土壤达到饱和所需的时间增多,而且草地植被能够改变坡面径流的流态,使坡面流更加稳定。

6.2.4　草地植被覆盖下弗劳德数的变化

弗劳德数反映的是水流的惯性力与重力之间的关系,能够对水流的流型进行判别,是分析坡面水流为急流或缓流的依据,本次试验中弗劳德数在 0.33~1.56。坡面水流一般来说有 3 种流型,分别是缓流、临界流和急流。泥沙运动学研究表示,当弗劳德数 Fr <1 时,水流为缓流;当弗劳德数 Fr >1 时,水流为急流。

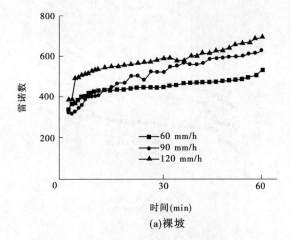

(a)裸坡

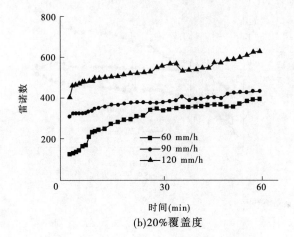

(b)20%覆盖度

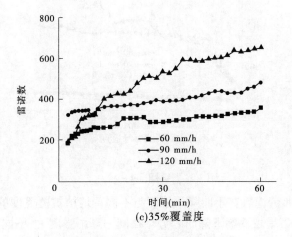

(c)35%覆盖度

图6-4　不同草地植被覆盖度下雷诺数的变化

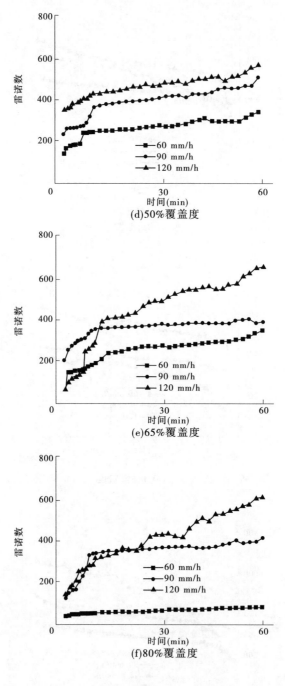

续图 6-4

　　如图 6-5 所示,弗劳德数在不同降雨强度与不同草地植被覆盖度的条件下,随着降雨的持续进行,弗劳德数呈现逐渐下降的趋势。在同一降雨强度下,不同草地植被覆盖度的弗劳德数差异明显;在同一覆盖度下,不同降雨强度的弗劳德数的差异相较于相同降雨强度更小,说明降雨强度对弗劳德数的影响更为显著。

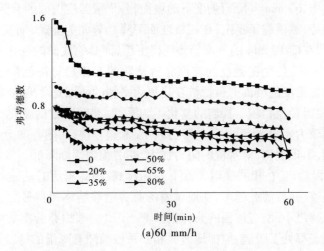

(a)60 mm/h

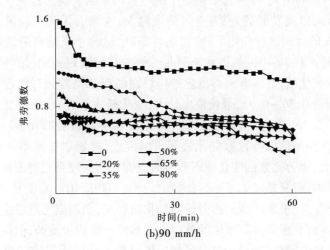

(b)90 mm/h

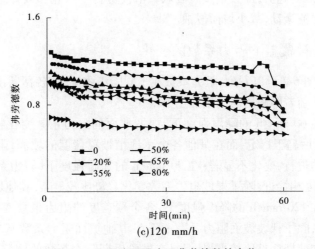

(c)120 mm/h

图 6-5　不同降雨强度下弗劳德数的变化

在本次试验中,60 mm/h 降雨强度下的坡面,各个覆盖度坡面的弗劳德数在前 10 min 呈现快速下降趋势,然后趋于稳定,在裸坡坡面下降趋势尤为显著;而在 90 mm/h 的降雨强度下,裸坡坡面在前 10 min 的下降趋势变得更缓,而其他坡面的变化不显著;当降雨强度达到 120 mm/h 时,各个覆盖度的坡面弗劳德数的变化趋势都趋势平缓,变化差异不大。高草地植被覆盖度的坡面弗劳德数变化更为平缓的原因是草地植被的增加加强了坡面流的摩擦力,使得径流相较于裸坡的变化更为平缓,弗劳德数的变化也显得波动较小。试验的前期坡面较为光滑,水流所受的阻力较小,流速较快,而随着试验的进行,坡面受到的侵蚀逐渐加剧,出现坡沟,对水流的阻力加大,弗劳德数逐渐降低。

由图 6-6 可以看出,在相同降雨条件下,弗劳德数随降雨历时的延长而不断增大,植被覆盖结构越完整,弗劳德数越小,裸地坡面的弗劳德数始终保持最大,草灌混交坡面的弗劳德数始终保持最小,所有坡面的弗劳德数都小于 1。根据弗劳德数的定义判断出,各个坡面的水流流态都处于缓流,但裸地坡面和根系坡面随着降雨的持续进行,越来越接近于 1,并且随着雨强的增大,弗劳德数接近 1 的趋势越来越明显。这说明裸地坡面和根系坡面水流流态有向急流发展的趋势,并且雨强越大,水流由缓流向急流发展的趋势越明显。在 60 mm/h 的降雨强度作用下,除裸地外,其他试验小区的弗劳德数变化趋势基本接近,而当雨强增大后,各小区坡面水流的弗劳德数开始出现差别,植被覆盖结构不完整的坡面弗劳德数变化较大,具有完整覆盖结构坡面的弗劳德数相对稳定。裸地坡面的弗劳德数变化范围为 0.26~0.96,增长幅度最大,变化最为剧烈;草灌混交坡面弗劳德数变化范围为 0.17~0.36,变化最小且最为稳定。对比各种被覆坡面在 60 mm/h、90 mm/h、120 mm/h 雨强作用下的弗劳德数变化过程可以发现,裸地和根系小区受雨强的影响较大,降雨强度越大,弗劳德数的变化越剧烈。而被覆盖结构较为完整的坡面水流弗劳德数变化也受雨强影响,但只是增大了弗劳德数的大小,而随降雨过程变化的趋势并未改变。植被覆盖结构越复杂,坡面水流的弗劳德数变化越稳定,水流流态越稳定。

综上所述,本研究所测坡面水流的流型流态都处于层流缓流区,但裸地和根系小区有从缓流向急流发展的趋势,即处于过渡区域。植被覆盖结构能够较好地稳定坡面的流型流态,从而减小水流紊动,减小坡面侵蚀。

6.2.5 草地植被覆盖下阻力系数的变化

从试验结果图 6-7 可以看到,阻力系数在不同降雨强度下,各覆盖度的坡面都呈现上升趋势,阻力系数随着降雨历时的增加逐渐增大。

可以看到,在 60 mm/h 的降雨强度下,裸坡坡面的阻力系数变化特别显著,在前 10 min 快速增加,然后趋于稳定,而在其他各个草地植被覆盖度的坡面,阻力系数增长更为平缓,随着降雨的进行,变化不显著;在 90 mm/h 的降雨强度下,阻力系数的变化规律与 60 mm/h 降雨强度相接近,除了裸坡阻力系数变化趋势比较显著,其他坡面的阻力系数增长比较平缓;而在 120 mm/h 的降雨强度下,各个覆盖度的阻力系数变化均不显著,且阻力系数都比较小,除了裸坡坡面阻力系数大于 5,其他坡面阻力系数基本都小于 5。整体来说,阻力系数在前期增长比较平缓,但是在试验后期阻力系数的增幅会有一定的增大。分析其原因认为,这时阻力系数的变化会受到土壤性质、水流结构状况和坡面等条件的影

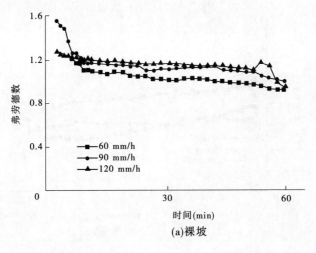

(a)裸坡

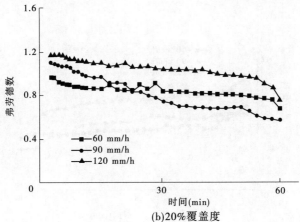

(b)20%覆盖度

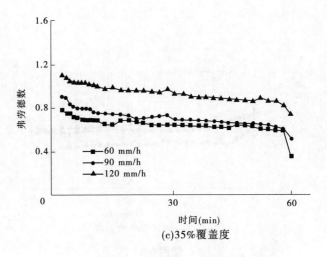

(c)35%覆盖度

图6-6 不同草地植被覆盖度下弗劳德数的变化

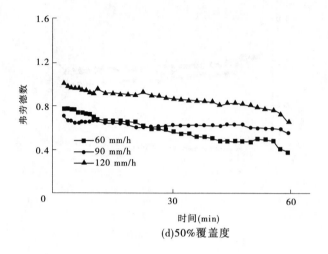

(d)50%覆盖度

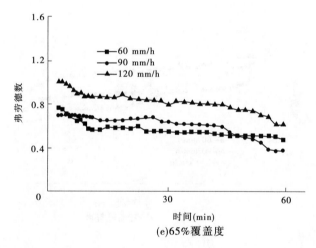

(e)65%覆盖度

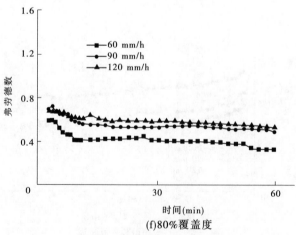

(f)80%覆盖度

续图 6-6

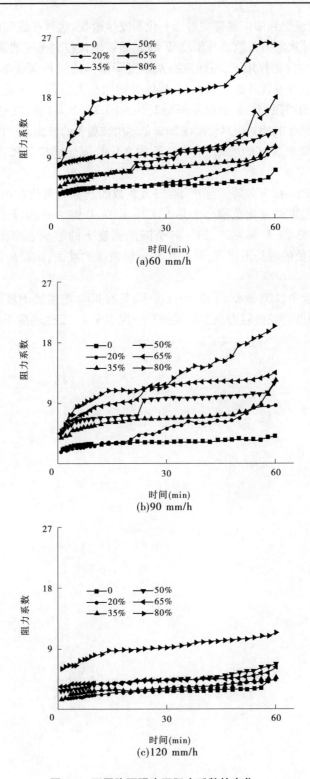

图 6-7　不同降雨强度下阻力系数的变化

响,还有因为细沟流受到细沟发育的形态变化而发生改变,这种径流深度的变化及细沟流形态的变化就是导致阻力系数最开始增长平缓、后续增长较为迅速的原因。

在 60 mm/h 的降雨作用下,坡面阻力系数随降雨持续进行而逐渐增大,草地植被覆盖度越高的坡面阻力系数基础值越大,在裸坡坡面阻力系数的变化范围是 3.53~7.09;在 20% 覆盖度坡面的阻力系数变化范围是 3.64~10.39;当草地植被覆盖度为 35% 时,阻力系数的变化范围在 4.58~10.45;而在 50% 草地植被覆盖的坡面,阻力系数范围为 6.02~12.84;65% 及 80% 覆盖度的坡面,阻力系数的变化范围分别是 7.95~17.86 和 7.83~25.62。

可以看到在 90 mm/h 的降雨强度下,阻力系数的基数与变化的范围比较接近,各个覆盖度坡面阻力系数的变化范围分别是 1.72~4.07、1.92~8.70、3.96~12.45、4.32~11.99、4.82~13.53 与 4.96~20.53。各个降雨强度下的坡面在草地植被覆盖度大于 35% 以后,阻力系数的增长不显著,但是在 80% 覆盖度的坡面,试验后期的阻力系数仍比较高。

而在此次试验中,120 mm/h 的降雨强度下,只有 80% 覆盖度的坡面阻力系数有着明显变化,其余覆盖度的坡面阻力系数均维持在一定水平上,变化幅度不明显。

第 7 章　草地植被覆盖度调控径流阈值分析

7.1　径流量－草地植被覆盖度的分析

对不同草地植被覆盖度与不同降雨强度下的径流量的关系进行拟合,结果如图 7-1~图 7-3 所示。随着草地植被覆盖度的增加,坡面的产流量逐渐下降,不同降雨强度下,径流量的变化有所差异。在 60 mm/h 的降雨强度下,草地植被对坡面径流量的影响显著,径流量的变化随着覆盖度的增加呈现较快下降,进而趋于平缓,之后再快速下降的趋势。前一段较为快速的下降体现了草地植被对径流量的抑制作用,第二段的快速下降体现了草地植被覆盖度的阈值情况。而在 90 mm/h 与 120 mm/h 的降雨强度下,这一变化不显著,这是由于暴雨导致草地植被并未充分发挥其功效,降雨产生的坡面径流直接冲刷坡面。在黄土丘陵沟壑区多暴雨的情况下,光凭草地植被不能有效地应对该区域的降雨情况,草地植被对 90 mm/h 以上的降雨强度所产生的径流量的影响逐渐减弱。

草地植被覆盖度的阈值由于研究对象与区域的不同,并未形成一致结论,但是在达到草地植被覆盖度阈值的情况下,相较于裸坡都有效地减少了约 80% 的径流量。本研究在 60 mm/h 的降雨强度下,75% 的草地植被覆盖度能够有效减少 80% 的径流量;而 90 mm/h 的降雨强度下,则需要 90% 的草地植被覆盖度才能抑制 80% 的径流量;在面对 120 mm/h 的降雨强度时,草地植被对径流量的影响已经不显著。

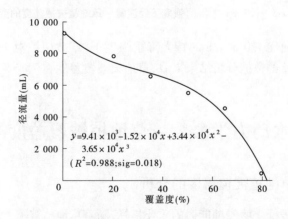

图 7-1　60 mm/h 降雨强度下径流量－草地植被覆盖度的变化

在本次试验中,仅从坡面径流量数据来看,在 60 mm/h 的降雨强度下,75.31% 的草地植被覆盖度相比较于裸坡能够有效地抑制 80% 的径流量;在 90 mm/h 的降雨强度下,90.54% 的草地植被覆盖度能抑制 80% 的径流量,而 75% 的草地植被覆盖度能够抑制

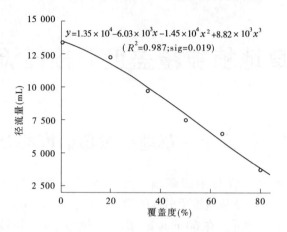

$$y = 1.35 \times 10^4 - 6.03 \times 10^3 x - 1.45 \times 10^4 x^2 + 8.82 \times 10^3 x^3$$
$$(R^2 = 0.987; sig = 0.019)$$

图 7-2　90 mm/h 降雨强度下径流量 – 草地植被覆盖度的变化

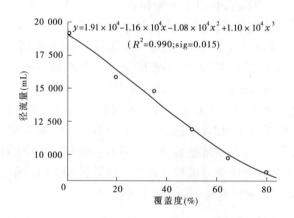

$$y = 1.91 \times 10^4 - 1.16 \times 10^4 x - 1.08 \times 10^4 x^2 + 1.10 \times 10^4 x^3$$
$$(R^2 = 0.990; sig = 0.015)$$

图 7-3　120 mm/h 降雨强度下径流量 – 草地植被覆盖度的变化

66.35% 的径流量;而在 120 mm/h 的特大降雨强度下,草地植被对于坡面径流量的影响不显著。从本次试验的数据分析结果来看,草地植被覆盖度在 75% 时能够有效地应对黄丘区的降雨情形。

7.2　水动力学参数 – 草地植被覆盖度的分析

7.2.1　流速与草地植被覆盖度的分析

坡面流流速是表征土壤侵蚀能力的重要指标,随着草地植被覆盖度的增加,坡面流的流速减小,在不同的降雨强度下,各个覆盖度的坡面对流速的影响大致趋势相当。通过在 SPSS 中,将流速与草地植被覆盖度进行回归分析,得到不同降雨强度下,覆盖度与流速的拟合方程,如表 7-1 所示。

表 7-1　流速与草地植被覆盖度的分析

降雨强度	经验方程
60 mm/h	$y = 0.136 - 0.319x + 0.772x^2 - 0.612x^3$
90 mm/h	$y = 0.153 - 0.159x + 0.299x^2 - 0.292x^3$
120 mm/h	$y = 0.188 - 0.163x + 0.307x^2 - 0.193x^3$

　　拟合方程的曲线如图 7-4 所示,在 60 mm/h 的降雨强度下,流速在 20%～60% 草地植被覆盖度这一阶段变化并不显著,下降趋势比较平缓,当草地植被覆盖度超过 60% 之后,流速与 0～20% 草地植被覆盖度阶段一致,有显著的下降。这说明在 60 mm/h 的降雨强度下,草地植被覆盖度从 20% 增加到 60% 并不会显著地影响坡面流流速。而在 90 mm/h 的降雨强度下,随着草地植被覆盖度的增加,坡面流流速呈现先下降,后趋于平缓,进而再下降的趋势,但是这一整体趋势并不明显,该降雨强度下,流速随着草地植被覆盖度的增加一直处于减小的趋势,在各个阶段减小的速率不同,在大于 60% 覆盖度的坡面,流速减小的趋势更大。而在 120 mm/h 的降雨强度下,尽管草地植被覆盖仍能对流速起到抑制作用,但是在草地植被达到 60% 覆盖度以后,流速的变化不再显著,说明在应对这一高雨强的情况下,草地植被能发挥的作用开始减弱。这意味着,随着降雨强度的不断增大,草地植被能起到的作用逐渐降低,当面对特大暴雨的情况,草地植被已经不能有效地抑制径流流速。

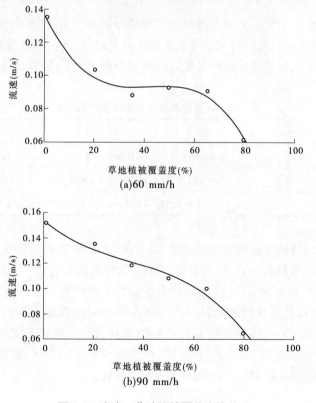

图 7-4　流速 - 草地植被覆盖度的关系

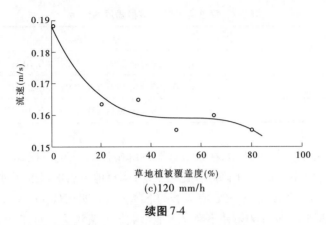

(c)120 mm/h

续图 7-4

对于流速与草地植被的分析,同样在 120 mm/h 的特大降雨强度下,随着草地植被覆盖度的持续增大,对于流速的影响逐渐减小。通过对比 60 mm/h 与 90 mm/h 的降雨强度下的流速经验方程,在 70% 草地植被覆盖度的坡面,二者的流速分别是裸坡坡面的 40.39% 与 42.45%,而在 80% 草地植被覆盖度的坡面,这一数值分别是 54.75% 与 55.78%。从试验数据的分析结果来看,75% 的草地植被覆盖度能够有效应对该区域的降雨情形。

7.2.2 雷诺数与草地植被覆盖度的分析

在 SPSS 中,将 3 个水动力学参数与径流量进行回归分析,结果表明水动力学参数之间存在多重共线性问题;然后对水动力学参数进行主成分分析,结果表明雷诺数为主要影响因子。再将雷诺数与草地植被覆盖度进行回归分析,得到不同降雨强度下的回归方程如表 7-2 所示。

表 7-2 雷诺数与草地植被覆盖度的分析

降雨强度	经验方程
60 mm/h	$y = 446.536 - 1\,303.440x + 3\,454.567x^2 - 3\,020.894x^3$
90 mm/h	$y = 492.621 - 760.942x + 1\,674.211x^2 - 1\,228.198x^3$
120 mm/h	$y = 572.243 - 174.248x - 271.330x^2 + 266.925x^3$

从拟合的雷诺数随草地植被变化的图 7-5 中可以看到,在设置的 3 个降雨强度下,在 60 mm/h 与 90 mm/h 的降雨强度下,在小于 60% 覆盖度的坡面雷诺数的增幅最大;在 120 mm/h 的大雨强下,可能设置雨强过大,雷诺数在整个降雨过程中一直在持续增大,增大幅度仍比较明显,草地植被对坡面径流的抑制在这个降雨强度下不能起到显著的作用。而雷诺数的大小由水力半径与径流流速所决定,雷诺数与二者成正比关系。所以,当草地植被覆盖度达到 60% 左右,覆盖度对径流流速的减少程度明显增加,即雷诺数的变化幅度减小,随着覆盖度继续增加,径流流速基本不再变化。

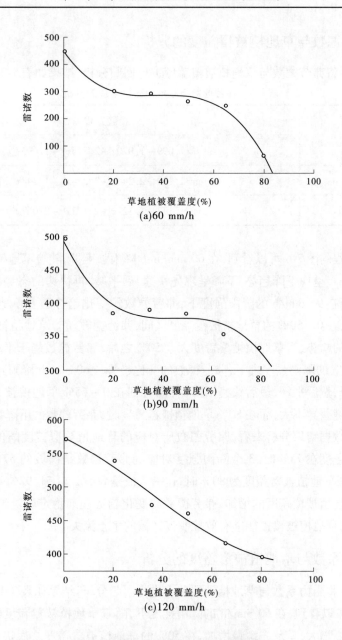

图 7-5　雷诺数 – 草地植被覆盖度的关系

通过雷诺数随草地植被覆盖度变化趋势图与其经验方程来看,在 60 mm/h、90 mm/h 与 120 mm/h 的降雨强度下,雷诺数在 75% 的草地植被覆盖度下,是裸坡坡面的 30.84%、70.14% 与 70.17%。这一变化趋势在继续增加草地植被覆盖度后,在 90 mm/h 与 120 mm/h 的降雨强度下变化不显著。所以,75% 的草地植被覆盖度是该区域的覆盖阈值。

7.2.3　弗劳德数与草地植被覆盖度的分析

通过 SPSS 将弗劳德数与草地植被覆盖度进行回归分析,结果如表 7-3 所示。

表 7-3　弗劳德数与草地植被覆盖度的分析

降雨强度	经验方程
60 mm/h	$y = 1.099 - 1.920x + 2.715x^2 - 1.695x^3$
90 mm/h	$y = 1.169 - 2.244x + 3.254x^2 - 1.748x^3$
120 mm/h	$y = 1.177 - 1.122x + 2.173x^2 - 2.067x^3$

从拟合方程的图 7-6 可以看到,在 60 mm/h 的降雨强度下,随着草地植被覆盖度的增加,弗劳德数一直呈现下降趋势,下降呈现先快速、后平缓、再快速的态势,但是整体趋势变化不显著;而在 90 mm/h 的降雨强度下,弗劳德数的变化趋势随着草地植被覆盖度的增加十分显著,在 0～50% 的草地植被覆盖度区间,弗劳德数随着草地植被覆盖度的增加呈现快速下降的趋势,当草地植被覆盖度大于 50% 之后,弗劳德数趋于平缓,变化不再显著;在 120 mm/h 的降雨强度之下,弗劳德数的变化趋势与 60 mm/h 降雨强度下的趋势大致相同,先下降,然后平缓,最后快速下降,可以看到在 0～65% 草地植被覆盖度下,弗劳德数的下降幅度差异不大,而在 80% 草地植被覆盖度时,弗劳德数的下降幅度特别显著。

从试验的数据结果分析来看,弗劳德数所对应的草地植被覆盖度阈值在 65% 以上,当草地植被覆盖度在 75% 时,3 个降雨强度对应的弗劳德数是裸坡的 57.13%、50.48% 和 41.73%。在草地植被覆盖度为 80% 时,这一数值是 60.62%、51.98% 和 48.02%。可以看到随着草地植被覆盖度的增加,弗劳德数的变化趋势逐渐稳定。对于弗劳德数的变化来说,75% 的草地植被覆盖能够有效控制该区域的水土流失。

7.2.4　阻力系数与草地植被覆盖度的分析

通过 SPSS 将阻力系数与草地植被覆盖度进行回归分析,结果如表 7-4 所示。

由图 7-7 可以看到,在 60 mm/h 的降雨强度下,随着草地植被覆盖度的不断增加,阻力系数也在不断增大,呈现先缓慢增加,在 50% 的草地植被覆盖度之后快速增加的趋势;在 90 mm/h 的降雨强度下,可以看到草地植被覆盖度与阻力系数几乎呈线性关系,在该降雨强度下,阻力系数随着草地植被覆盖度的变化并不显著;而在 120 mm/h 的降雨强度下,阻力系数的变化和 60 mm/h 的变化趋势一致,在覆盖度增加的前期增长并不迅速,而在覆盖度达到一定程度后继续增加,阻力系数显著增加。

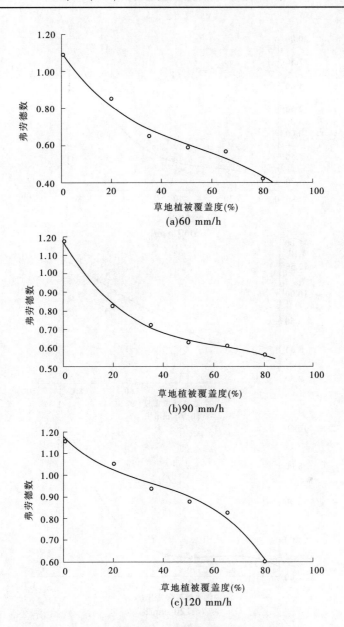

图 7-6 弗劳德数 – 草地植被覆盖度的关系

表 7-4 阻力系数与草地植被覆盖度的分析

降雨强度	经验方程
60 mm/h	$y = 4.494 + 15.572x - 49.116x^2 + 62.810x^3$
90 mm/h	$y = 3.009 + 8.158x + 5.436x^2 - 1.347x^3$
120 mm/h	$y = 2.502 + 7.679x - 31.336x^2 + 39.096x^3$

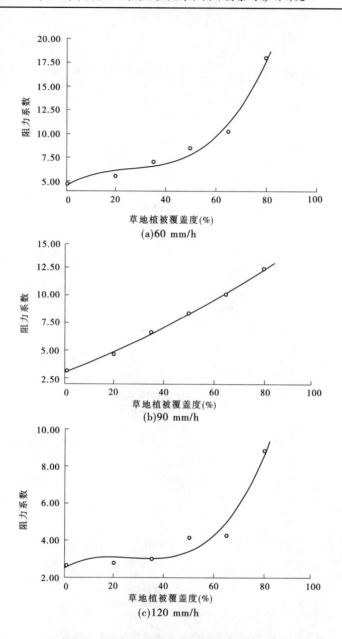

图 7-7　阻力系数 – 草地植被覆盖度的关系

第 8 章　植被结构变化下的坡面水文过程模拟

8.1　Brook90 模型介绍

　　Brook90 模型是一个确定性的、基于过程的集总式水文模型。20 世纪 60 年代由美国的 C. Anthony Federer 等在 40 多年的水文研究基础上建立并发展起来的,目前在美国的许多流域都有很成功的应用。

　　Brook90 模型流程如图 8-1 所示,降雨首先被植被所截持,截持的部分直接蒸发到大

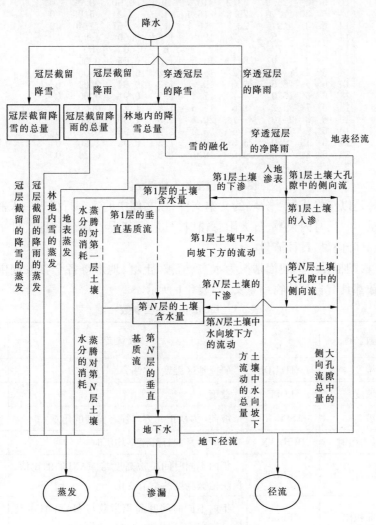

图 8-1　Brook90 模型流程

气中。穿透雨落到地面,一部分形成地表径流,另一部分渗入土壤表层或通过土壤垂直孔隙直接渗入土壤深层。渗入土壤的水分一部分经由孔隙排水而形成壤中流,其余的渗入水分则保持在土壤中形成土壤含水量。土壤水分的支出包括各土层垂直方向和沿着坡面方向的基质流;通过根系从土壤中吸水用于植被蒸腾;表层土壤的水分蒸发。地下水由最底层土壤的垂直方向的基质流来进行补充。模型所要求的输入文件中包括每日的气象变化数据和地形、水文、植被、土壤等特征参数,如图 8-2 所示。

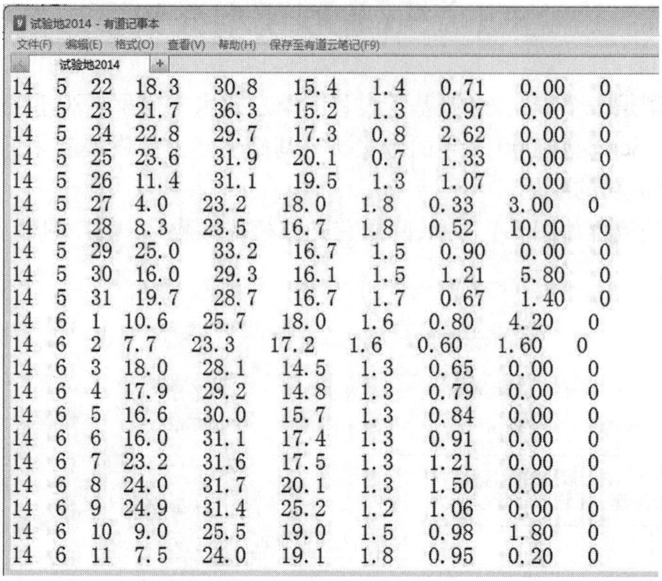
试验地2014 - 有道记事本
文件(F) 编辑(E) 格式(O) 查看(V) 帮助(H) 保存至有道云笔记(F9)
试验地2014

14	5	22	18.3	30.8	15.4	1.4	0.71	0.00	0
14	5	23	21.7	36.3	15.2	1.3	0.97	0.00	0
14	5	24	22.8	29.7	17.3	0.8	2.62	0.00	0
14	5	25	23.6	31.9	20.1	0.7	1.33	0.00	0
14	5	26	11.4	31.1	19.5	1.3	1.07	0.00	0
14	5	27	4.0	23.2	18.0	1.8	0.33	3.00	0
14	5	28	8.3	23.5	16.7	1.8	0.52	10.00	0
14	5	29	25.0	33.2	16.7	1.5	0.90	0.00	0
14	5	30	16.0	29.3	16.1	1.5	1.21	5.80	0
14	5	31	19.7	28.7	16.7	1.7	0.67	1.40	0
14	6	1	10.6	25.7	18.0	1.6	0.80	4.20	0
14	6	2	7.7	23.3	17.2	1.6	0.60	1.60	0
14	6	3	18.0	28.1	14.5	1.3	0.65	0.00	0
14	6	4	17.9	29.2	14.8	1.3	0.79	0.00	0
14	6	5	16.6	30.0	15.7	1.3	0.84	0.00	0
14	6	6	16.0	31.1	17.4	1.3	0.91	0.00	0
14	6	7	23.2	31.6	17.5	1.3	1.21	0.00	0
14	6	8	24.0	31.7	20.1	1.3	1.50	0.00	0
14	6	9	24.9	31.4	25.2	1.2	1.06	0.00	0
14	6	10	9.0	25.5	19.0	1.5	0.98	1.80	0
14	6	11	7.5	24.0	19.1	1.8	0.95	0.20	0

图 8-2　模型输入数据文件

数据文件是以空格或逗号分隔的文本文件,该文件中的每一行代表一天的气象数据,每列依次表示年、月、月内天数、日太阳总辐射、日最高气温、日最低温度、日平均水汽压、日平均风速、日降雨量、日径流量。

Brook90 模型根据不同地面情况为水文、植被、土壤、地形等各个参数提供了默认值,并且每个参数都具有自身的物理意义,如表 8-1 所示。

表 8-1　Brook90 的主要参数

参数类型	参数名称	参数符号	参数意义	单位
地形	维度	LATITUDE	研究地区维度(北纬)	度
	坡度	SLOPE	坡度	度
	坡向	ASPECT	坡向(为从正北方向往右偏转的角度)	度
	月降雨历时	DURATN	年内各月的日降雨平均历时	h
	高度比	RELHT	年内不同时间植被高度与 MAXHT 的比值,反映植被高度的季节变化	—
	叶面积比	RELLA	年内不同时间叶面积指数与 MAXLAI 的比值,反映叶面积指数的季节变化	—

续表 8-1

参数类型	参数名称	参数符号	参数意义	单位
植被	太阳反射率	ALB	太阳反射率	—
	植被最大高度	MAXHT	年内上层植被的最大平均高度	m
	最大叶面积指数	MAXLAI	年内最大叶面积指数	—
	郁闭度	DENSEF	植被郁闭度(canopy density)	—
	消光系数	CR	林冠层削减太阳辐射和净辐射的系数值	—
	最大根长	MXRTLN	冠层达到最大郁闭度和最大高度时的单位林地面积的细根总长度	m/m^2
	相对根系密度	RELDEN	各层土壤中的相对根系密度(relative root density),控制每层的相对蒸腾分配量,一般指定表层的 RELDEN 为 1	—
	最大叶片导度	GLMAX	植物气孔完全开放时的最大叶片导度(leaf conductance),是控制潜在蒸腾的重要参数	cm/s
	最小叶片导度	GLMIN	夜间气孔关闭时的最小叶片导度	cm/s
	气孔半开	CVPD	在叶片气孔打开一半时的水汽压亏值,是敏感的生理指标,影响潜在蒸腾值	kPa
	植被最大导水率	MXKPL	植被层水分传输的最大导度	mm/(d·MPa)
土壤	土壤层数	NLAYER	土壤分层数	层
	土层厚度	THICK	各土层的厚度	mm
	石砾含量	STONEF	各土层的砾石所占的体积比例	—
	pF 曲线系数	BEXP	各土层 Clapp-Hornberger 土壤水分特征曲线公式中的指数 b	—
	田间导水率	KF	各土层土壤含水量为田间持水量时的导水率,一般规定为 2 mm/d	mm/d
	田间持水量	THETAF	各土层导水率为 KF 时对应的土壤体积含水量	—
	田间水势	PSIF	各土层导水率为 KF 时对应的土壤水势	kPa
	饱和含水量	THSAT	各土层的土壤饱和体积含水量	—

续表 8-1

参数类型	参数名称	参数符号	参数意义	单位
水文	不透水面比例	IMPERV	地表不透水面面积所占的比例	—
	入渗系数	INFEXP	决定入渗水分随深度分布的无量纲参数	—
	土壤含水量大于田间持水量时的快速径流系数	QFPAR	控制快速径流(SRFL、BYFL)的参数	—
	田间持水量时的快速径流系数	QFFC	控制快速径流(SRFL、BYFL)的参数	—
	土壤底部排水系数	DRAIN	由最下层土壤补充给地下水的垂向基质流的比例	—
	地下水消退系数	GSC	转变成地下径流及渗漏量的地下水的比例	—
	渗漏系数	GSP	地下水消退量中渗漏量占的比例	—

　　模型能以年、月、日各时间尺度分别计算出降雨输入、蒸散耗水及其各分量在内的各个水量平衡分项。

8.2　模型率定与检验

8.2.1　模型率定

　　本研究采用土壤含水率的数据来进行模型的率定与检验,原因是试验地土壤含水率的长时间序列数据变化过程稳定并且测定比较精确。本研究以 2015 年全年的气象数据和各个时间段实测的土壤含水率值来率定模型的参数,用 2016 年实测的土壤含水率数据来检验率定后模型的模拟精度。

　　模型所用的水文参数值如表 8-2 所示。因为最下层土壤几乎不存在与深层地下水的水分交换现象,所以将模型中土壤底部的排水系数、地下水的消退系数和渗漏系数都设为0。而不透水面的比例根据实际情况判定,入渗系数和快速径流系数根据前面研究的雨前、雨后的土壤含水率变化进行拟合得到。

表 8-2　主要水文参数值

水文参数	刺槐林地
入渗系数	0.3
不透水面比例	0
土壤含水量大于田间持水量时的快速径流系数	0.5
田间持水量时的快速径流系数	0.02

　　模型所用的主要植被参数值如表 8-3 和表 8-4 所示。植被最大高度、最大叶面积指数、冠层密度、消光系数为实测值。植被的最大导水率、最大叶片导度、最小叶片导度和最大根长采用模型默认的给定植被的参数值。

表 8-3　主要植被参数值

植被参数	刺槐林地参数值
太阳反射率	0.14
最大叶片导度（cm/s）	0.4
最小叶片导度（cm/s）	0.1
冠层密度	0.78
消光系数	0.5
植被最大高度（m）	10
最大叶面积指数	2
植被最大导水率[mm/(d·MPa)]	8
最大根长（m/m^2）	2 100

表 8-4　年内叶面积指数比率的季节变化

年内天数	刺槐林地叶面积指数比率
1	0.7
63	0.7
96	0.8
121	0.8
150	1
185	1
235	1
264	0.8
283	0.8
313	0.7
336	0.7
365	0.7

表 8-5 为模型应用的主要土壤参数值。

表 8-5　主要土壤参数值

样地	层次	土层厚度（THICK）（mm）	石砾含量（STONEF）	田间水势（PSIF）（kPa）	田间持水量（THETAF）	pF 曲线系数（BEXP）	田间导水率（KF）（mm/d）
刺槐林地	1	100	0.04	－12.7	31.8	9.98	2
	2	100	0.04	－12.8	16.7	3.94	2
	3	100	0.09	－12.8	16.7	3.94	2
	4	100	0.09	－11.4	14.6	3.89	2
	5	100	0.10	－11.4	14.6	3.89	2
	6	100	0.10	－11.4	14.6	3.89	2

8.2.2　模型率定效果

利用 2015 年样地实测数据率定后的土壤含水率模拟和实测值对比效果如图 8-3 所示。从图 8-3 中可以看出土壤含水率模拟值与实测值基本接近。

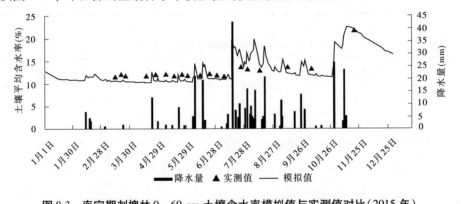

图 8-3　率定期刺槐林 0～60 cm 土壤含水率模拟值与实测值对比（2015 年）

为了进一步检验模型模拟效果，利用模拟值与实测值进行绝对误差和相对误差的计算，以验证参数率定后模型模拟的效果。绝对误差和相对误差的计算公式如式（8-1）、式（8-2）：

$$\delta = x - \mu \tag{8-1}$$

$$\gamma = \left| \frac{x - \mu}{\mu} \right| \times 100\% \tag{8-2}$$

式中　δ——绝对误差；

　　　γ——相对误差；

　　　x——模拟值；

　　　μ——实测值。

表 8-6 为率定期刺槐样地的土壤含水率绝对误差和相对误差的计算结果。当绝对误

差在 ±5% 之内和相对误差在 20% 内时,认定参数率定合格。

表 8-6 率定期刺槐样地土壤含水率模拟的绝对误差和相对误差 (单位:%)

日期	绝对误差				相对误差			
	0 ~ 20 cm	20 ~ 40 cm	40 ~ 60 cm	0 ~ 60 cm	0 ~ 20 cm	20 ~ 40 cm	40 ~ 60 cm	0 ~ 60 cm
3 月 15 日	0.01	-0.57	3.46	0.94	0.12	5.00	23.86	8.12
3 月 22 日	0.32	1.27	3.47	1.57	3.76	9.69	24.10	12.98
3 月 27 日	-0.40	1.26	3.27	1.30	5.13	9.62	23.03	10.99
4 月 18 日	0.34	1.42	2.86	1.56	4.00	11.01	21.19	13.12
4 月 27 日	1.44	0.86	2.41	1.53	15.16	6.62	17.85	12.67
5 月 8 日	0.83	0.80	2.28	1.39	9.02	6.20	17.14	11.56
5 月 17 日	0.28	0.86	2.39	1.24	3.29	6.72	17.97	10.57
5 月 25 日	1.43	0.55	2.06	1.39	15.05	4.30	15.61	11.56
5 月 31 日	0.79	0.68	1.86	1.20	8.78	5.31	14.42	10.19
6 月 7 日	-0.20	0.36	1.66	0.80	2.33	2.86	12.97	6.90
6 月 13 日	2.34	-0.61	0.80	0.80	22.08	4.84	6.35	6.69
6 月 23 日	2.27	-0.93	0.91	0.66	21.83	7.32	6.95	5.44
6 月 29 日	1.24	-0.40	1.01	0.62	13.05	3.15	7.83	5.20
7 月 8 日	0.56	-0.36	1.21	0.48	6.36	2.90	9.38	4.13
7 月 15 日	1.22	-0.63	0.91	0.53	12.84	5.08	7.11	4.49
7 月 26 日	1.83	-4.03	-2.74	-2.17	11.23	30.76	21.24	15.93
8 月 2 日	0.45	-3.81	-2.26	-2.14	2.90	29.53	17.52	15.90
8 月 14 日	3.50	-4.21	-3.15	-1.96	25.55	32.64	24.61	15.09
9 月 12 日	3.37	-0.16	1.01	1.07	28.56	1.09	6.87	7.76
10 月 7 日	2.24	0.28	1.65	1.09	21.13	1.93	11.22	8.14
11 月 21 日	-1.03	0.92	1.08	-0.17	7.01	5.38	7.30	1.13
平均	1.09	-0.31	1.25	0.56	11.39	9.14	14.98	14.78

从表 8-6 中可以看出,不同土壤层次及平均土壤含水率模拟值与实测值的绝对误差都在 ±5% 以内,相对误差都在 20% 以内,可以认为模型率定后的参数是合格的。

8.2.3 模型检验

利用参数率定后的 Brook90 模型模拟刺槐样地 2016 年全年的土壤含水率变化过程。将得到的平均土壤含水率模拟值与实测值进行对比,效果如图 8-4 所示。从图 8-4 中可以看出土壤含水率模拟值的变化从数值上和变化趋势上都与实测值相接近。为了进一步验证模型模拟的准确性,对模拟值与实测值进行绝对误差和相对误差比较,计算结果如表 8-7 所示。

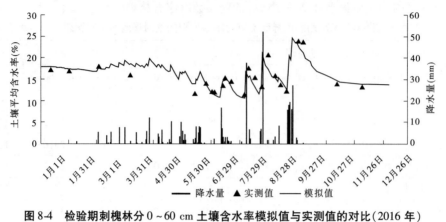

图 8-4　检验期刺槐林分 0～60 cm 土壤含水率模拟值与实测值的对比（2016 年）

表 8-7　检验期刺槐林分土壤含水率模拟值的绝对误差和相对误差　　（单位:%）

日期	绝对误差				相对误差			
	0～20 cm	20～40 cm	40～60 cm	0～60 cm	0～20 cm	20～40 cm	40～60 cm	0～60 cm
1 月 10 日	0.36	1.32	-1.24	0.42	1.96	9.04	8.21	2.43
1 月 30 日	-1.03	2.77	-0.86	0.31	5.34	17.64	5.93	1.83
3 月 3 日	1.35	-2.08	-1.55	-0.66	7.89	10.20	10.13	3.64
4 月 4 日	1.27	1.15	2.36	2.52	7.02	7.42	18.44	15.80
6 月 12 日	3.29	3.29	1.34	2.36	27.65	26.53	11.55	20.32
6 月 23 日	3.52	2.62	1.93	-0.19	30.88	19.85	16.93	1.37
6 月 29 日	1.67	1.57	0.41	-0.58	15.75	12.08	3.45	4.73
7 月 2 日	-2.62	1.49	0.58	-0.73	18.45	11.83	5.00	6.05
7 月 10 日	-2.49	0.93	2.65	0.47	14.15	7.27	23.04	3.41
7 月 13 日	0.07	-1.07	2.12	-0.51	0.45	6.77	17.82	3.34
7 月 20 日	4.13	2.08	2.05	-1.45	41.30	16.51	17.98	9.87
8 月 2 日	0.37	0.53	0.68	-1.10	4.16	4.24	6.13	9.40
8 月 7 日	-3.99	0.45	3.50	-1.93	19.28	2.90	28.93	10.84
8 月 13 日	0.07	0.90	1.82	-2.05	0.49	6.38	15.17	13.21
8 月 20 日	-2.30	0.37	2.48	-0.89	14.47	2.66	21.95	6.58
8 月 27 日	-0.65	-0.60	-2.58	-3.67	3.55	3.17	13.37	17.60
9 月 3 日	2.73	-2.32	-1.86	-0.85	20.68	12.28	11.14	5.28
9 月 9 日	2.49	2.08	0.81	1.41	18.72	14.75	5.83	10.24
9 月 15 日	4.57	1.58	0.50	0.52	49.14	11.70	3.88	4.23
9 月 27 日	3.72	-3.99	0.14	-1.28	19.68	14.62	0.60	5.31
10 月 2 日	-3.50	-5.24	-1.77	-2.46	14.06	19.34	7.80	10.38
11 月 7 日	-0.88	3.14	1.54	0.85	5.47	25.12	13.05	6.21
12 月 2 日	1.01	0.86	0.84	0.66	7.48	6.23	7.43	4.96
平均	0.57	-0.51	0.69	-0.38	15.13	11.67	11.90	7.70

从表 8-7 中可以看出,不同土壤层次及平均土壤含水率预测值与实测值的绝对误差

都在±5%以内,相对误差都在20%以内,可以认为模型模拟效果达到较好的水平。

经过参数率定和模型检验,认为Brook90模型已经可以较为精确地估计和预测植被坡面的水文过程。这使得我们能够结合气象数据,通过模型模拟的方法,获取无法实测的不同植被结构对降水输入过程的影响,并进行分析研究。

8.3　坡面生态水文过程模拟与分析

8.3.1　植被对降水输入分配影响模拟

Brook90模型模拟的降雨输入分量包括截留降雨、土壤入渗和地表径流。由于冬季有积雪现象,土壤入渗和地表径流中除降雨过程产生的入渗和径流外,还包括融雪入渗及形成的径流。截留降雨中除林冠层对降雨的截留外,还包括对降雪的截留。因此,模型降雨分配应遵从下式:

$$PREC = FLOW + IRVP + ISVP + SLVP + SLFL \tag{8-3}$$

式中　$PREC$——降雨量,包括降雨量和降雪量;

　　　$FLOW$——地表径流量;

　　　$IRVP$——植被截留降雨量;

　　　$ISVP$——植被截留降雪量;

　　　$SLVP$——地面积雪中的蒸发量;

　　　$SLFL$——土壤入渗总量。

所有分量单位均为mm。

利用上面的研究得出的LAI与郁闭度的对应关系,通过同时调整模型参数中的最大叶面积指数($MAXLAI$)和郁闭度($DENSEF$)数值模拟不同植被结构情景,从无植被开始以0.5为梯度增加LAI数值,直至与LAI相应的郁闭度达到1为止,可认为这些情景反映了从裸地到林分完全郁闭的各种林分结构情况。实际模拟的刺槐林分的情景为9个,每种情景的林分结构参数见表8-8的第2列和第3列。

表8-8　刺槐林分不同植被结构的降雨分配

情景	LAI	郁闭度	降雨量(mm)	林冠截留(mm)	土壤下渗(mm)	径流(mm)
1	0	0	409.6	0	351.60	58.0
2	0.5	0.43	409.6	28.25	343.55	37.8
3	1.0	0.61	409.6	44.30	348.60	16.7
4	1.5	0.72	409.6	59.80	344.70	5.1
5	2.0	0.78	409.6	62.06	345.04	2.5
6	2.5	0.85	409.6	72.31	336.09	1.2
7	3.0	0.89	409.6	83.62	325.28	0.7
8	3.5	0.94	409.6	94.05	315.05	0.5
9	4.0	0.99	409.6	108.09	301.31	0.2

在模型模拟过程中发现截留降雪量及地面积雪蒸发量仅占年降雨量的1%左右,因此为了计算方便将这两部分统一归入林冠截留分量中。表8-8中表示了植被不同林分结构下降雨分配过程的模拟结果。随着叶面积指数与郁闭度的增加,林冠截留量不断增加,而林冠层截留的增加导致土壤入渗量不断减少,在林冠截留与土壤入渗的影响下径流量不断减少。

总体看来,森林生态系统通过茂密的林冠层和发育疏松的土壤层截留和贮存了大气降雨,对大气降雨进行重新分配和有效地调节。模型能够较好地模拟降雨分配过程,并能表现不同林分结构的降雨分配的特征差异。在本研究中,土壤入渗是降雨分配最主要的去向,其次为植被截留降雨,最少部分为地面径流。

8.3.2　植被对蒸散耗水分配的影响模拟

林地的蒸散耗水包括植被的蒸腾,以及林地土壤、植被枝干叶表面的水分蒸发。以本研究中林分监测样地作为本底情景,沿用调试好的植被、土壤、地形等相关参数使其能够代表该树种典型林分综合特征。利用上面的研究得出的 *LAI* 与郁闭度的对应关系,通过同时调整模型参数中的最大叶面积指数(*MAXLAI*)和郁闭度(*DENSEF*)数值模拟各种林分结构情景,从无植被开始以0.5为梯度增加 *LAI* 数值,直至与 *LAI* 相应的郁闭度达到1为止,可认为这些情景反映了从裸地到林分完全郁闭的各种林分结构情况。

从表8-9可以看出,在不同林分结构下呈现出随叶面积指数和林分郁闭度的提高而总蒸散量不断增加的规律。随着叶面积指数增大,林冠截留量变大,导致截留蒸发量变大;随郁闭度增大,叶片遮挡住地表面积增大而导致土壤蒸发逐渐减小;叶面积指数的增大增加了植被用水,导致植物蒸腾变大。

从表8-9中可以看出,在郁闭度较小的阶段,总蒸散量远小于降雨量,说明森林植被水分供应量充足,能够满足植被的全部生长潜力。当郁闭度达到一定数值后,林分的总蒸散量逐步增大,并超过了降雨量,说明自然水分的供给已经无法满足植物的生长潜力,植物生长开始受到一定程度的水分胁迫。我们将总蒸散量开始超过降雨量时林分的郁闭度称为该林分生态需水的临界郁闭度,不同林分有着不同的生态需水临界郁闭度。通过对林分结构的情景模拟可以得出,刺槐林分的生态需水临界郁闭度为0.72。

表8-9　刺槐林分不同植被结构的蒸散耗水分配

情景	LAI	郁闭度	降雨量(mm)	总蒸散(mm)	截流蒸发(mm)	土壤蒸发(mm)	植物蒸腾(mm)
1	0	0	409.6	314.71	0	314.71	0
2	0.5	0.43	409.6	344.17	28.25	106.04	209.88
3	1.0	0.61	409.6	399.50	44.30	96.75	258.45
4	1.5	0.72	409.6	411.62	59.80	72.12	279.70
5	2.0	0.78	409.6	421.08	62.06	58.82	300.20
6	2.5	0.85	409.6	427.81	72.31	47.05	308.45
7	3.0	0.89	409.6	433.01	83.62	41.96	307.43
8	3.5	0.94	409.6	436.20	94.05	30.83	311.32
9	4.0	0.99	409.6	437.45	108.09	15.01	314.35

8.3.3　植被对坡面径流影响的模拟

　　坡面林地径流主要包括地表径流和壤中流,是坡面水量平衡过程中不容忽视的环节。本研究设置的径流坡面由于植被结构较好、林下覆盖度高且土壤孔隙大使得试验期产流次数较少,为了更好地研究森林植被结构变化对林地径流的影响,采用 Brook90 模型模拟坡面林地产流变化。利用前面的研究得出 LAI 与郁闭度的对应关系,通过同时调整模型参数中的最大叶面积指数(MAXLAI)和郁闭度(DENSEF)数值,模拟各种林分结构情景,从无植被开始以 0.5 为梯度增加 LAI 数值,直至与 LAI 相应的郁闭度达到 1 为止,可认为这些情景反映了从裸地到林分完全郁闭的各种林分结构情况。

　　表 8-10 反映了径流量随林分郁闭度不断提高的变化情况,从表中可以看出模型模拟的径流量随林分郁闭程度增加不断减少。当林分郁闭度在 0~0.7 变化时,径流量随郁闭度增加而迅速下降;当林分达到一定程度的郁闭度后,即郁闭度达到 0.8 以后,林分对径流量的削减作用减弱,径流量随郁闭度提升而减少的趋势较为平缓;而当林分达到较高程度郁闭后,大量降水被森林生态系统以各种形式消耗,此时林分只能产生很小的坡面径流。

表 8-10　刺槐林分产流量分配

情景	LAI	郁闭度	降水量(mm)	总径流(mm)	地表径流(mm)	壤中流(mm)
1	0	0	409.6	76.2	69.81	6.39
2	0.5	0.39	409.6	46.8	42.88	3.92
3	1.0	0.60	409.6	28.3	25.93	2.37
4	1.5	0.73	409.6	16.5	15.12	1.38
5	2.0	0.80	409.6	8.6	7.88	0.72
6	2.5	0.88	409.6	4.9	4.49	0.41
7	3.0	0.93	409.6	2.8	2.57	0.23
8	3.5	0.98	409.6	2.2	2.02	0.18
9	4.0	1	409.6	1	0.91	0.09

参 考 文 献

[1] 白晋华,胡振华,郭晋平. 华北山地次生林典型森林类型枯落物及土壤水文效应研究[J]. 水土保持学报, 2009,23(2):84-89.

[2] 陈丽华,余新晓,张东升,等. 贡嘎山冷杉林区苔藓层截持降水过程研究[J]. 北京林业大学学报, 2002,24(4):60-63.

[3] 陈丽华. 北京市生态用水研究[D]. 北京:北京林业大学, 2001.

[4] 陈仁升,吕世华,康尔泗,等. 内陆河高寒山区流域分布式水文水热耦合模型(Ⅰ)[J]. 地球科学进展, 2006, 48(1): 806-837.

[5] 程根伟, 余新晓, 赵玉涛,等. 山地森林生态系统水文循环与数学模拟[M]. 北京:科学出版社, 2004.

[6] 程积民,李香兰.子午岭植被类型特征与枯枝落叶层保水作用的研究[J].武汉植物研究, 1992,10(1):55-64.

[7] 党宏忠. 祁连山水源涵养林水文特征研究[D].哈尔滨:东北林业大学, 2004.

[8] 刁一伟,裴铁. 森林流域生态水文过程动力学机制与模拟研究进展[J].应用生态学报, 2004,15(12):2369-2376.

[9] 杜阿朋. 六盘山叠叠沟小流域坡面森林植被水文影响与模拟[D]. 北京:中国林业科学院, 2009.

[10] 范世香,高雁, 程银才,等.林冠对降雨截留能力的研究[J].地理科学, 2007,27(2):200-204.

[11] 方正三.黄河中游黄土高原梯田的调查研究[M].北京:科学出版社,1958.

[12] 顾慰祖. 利用环境同位素及水文实验研究集水区产流方式[J].水力学报,1995(05):9-17.

[13] 郭明春.六盘山叠叠沟小流域森林植被坡面水文影响的研究[D].北京:中国林业科学研究院, 2005.

[14] 郭生练,熊立华,杨井,等.分布式流域水文物理模型的应用和检验[J].武汉大学学报(工学版), 2001,34(1):1-5.

[15] 何永涛,李文华,李贵才,等. 黄土高原地区森林植被生态需水研究[J].环境科学, 2004,25(3):35-39.

[16] 黄志刚,欧阳志云,李锋瑞,等. 基于集水区法的森林生态系统影响径流研究进展[J]. 世界林业研究, 2009,21(3):36-41.

[17] 杨作民,李景波,王一峋,等. 北京自然地理[M]. 北京:北京师范大学出版社, 1989.

[18] 贾星灿. 夏季不同地区降水云系雨滴谱特征的观测研究[D]. 南京:南京信息工程大学, 2009.

[19] 蒋定生, 黄国俊. 黄土高原土壤入渗速率的研究[J].土壤学报,1986,23(4):299-304.

[20] 雷廷武,刘汗,潘英华,等. 坡地土壤降雨入渗性能的径流 – 入流 – 产流测量方法与模型[J]. 中国科学:D 辑, 2005(12):1180-1186.

[21] 雷廷武. 土壤、作物与水的关系[J]. 农业工程学报, 1995(2):189-194.

[22] 李兰. 流域水文数学物理耦合模型[A]. 中国水利学会优秀论文集, 2000:322-329.

[23] 林业部科技司. 森林生态系统定位研究方法[M], 北京:中国科技出版社, 1994.

[24] 叶笃正.地球科学进展趋势战略研究[M]. 北京:气象出版社, 1993.

[25] 刘昌明. 关于生态需水量的概念和重要性[J].科学与社会, 2002(2):25-29.

[26] 刘创民,李昌哲,陈军华,等. 北京九龙山主要植被类型水文作用的研究[J]. 林业科技通讯,

1994,(7):10-12.

[27] 刘建立.六盘山叠叠沟坡面生态水文过程与植被承载力研究[D].北京:中国林业科学研究院,2008.

[28] 刘世荣,常建国,孙鹏森.森林水文学:全球变化背景下的森林与水的关系[J].植物生态学报,2007,31(5):753-756.

[29] 刘世荣,温远光,王兵,等.中国森林生态系统水文生态功能规律[M].北京:中国林业出版社,1996.

[30] 刘霞,王礼先,张志强.生态环境用水研究进展[J].水土保持学报,2001,12(6):58-61.

[31] 罗德.北京山区森林植被影响下的降雨动力学特性研究[D].北京:北京林业大学,2008.

[32] 罗伟祥,白立强,宋西德,等.不同覆盖度林地和草地的径流量与冲刷量[J].北京:水土保持学报,1990,4(1):30-35.

[33] 马雪华.森林水文学[M].北京:中国林业出版社,1993.

[34] 莫菲.六盘山洪沟小流域森林植被的水文影响与模拟[D].北京:中国林业科学研究院,2008.

[35] 穆宏强,夏军,王中根.分布式流域水文生态模型的理论框架[J].长江职工大学学报,2001,18(1):1-5.

[36] 秦耀东.土壤物理学[M].北京:高等教育出版社,2003.

[37] 芮孝芳,朱庆平.分布式流域水文模型研究中的几个问题[J].水利水电科技进展,2002,22(3):56-70.

[38] 芮孝芳.流域水文模型研究中的若干问题[J].水科学进展,1997,8(1):94-98.

[39] 石培礼,李文华.森林植被变化对水文过程和径流的影响效应[J].自然资源学报,2001,16(5):481-487.

[40] 宋吉红.重庆缙云山森林水文生态功能研究[D].北京:北京林业大学,2008.

[41] 孙阁,张志强,周国逸,等.森林流域水文模拟模型的概念、作用及其在中国的应用[J].北京林业大学学报,2007,29(3):178-184.

[42] 史宇.北京山区主要优势树种森林生态系统生态水文过程分析[D].北京:北京林业大学,2011.

[43] 万洪涛,万庆,周成虎.流域水文模型研究的进展[J].地球信息科学,2000(4):46-50.

[44] 王芳,梁瑞驹,杨小柳,等.中国西北地区生态需水研究(1)——干旱半干旱地区生态需水理论分析[J].自然资源学报,2002,17(1):1-8.

[45] 王根绪,钱鞠,程国栋.生态水文科学研究的现状与展望[J].地球科学进展,2001,16(3):314-323.

[46] 王金叶,于澎涛,王彦辉,等.森林生态水文过程研究[M].北京:科学出版社,2008.

[47] 王礼先,张志强.森林植被变化的水文生态效应研究进展[J].世界林业研究,1998,11(6):14-23.

[48] 王礼先.植被生态建设与生态用水——以西北地区为例[J].水土保持研究,2000,7(3):5-7.

[49] 王万忠.黄土地区降雨特性与水土流失关系的研究[J].水土保持通报,1983,(4):7-13,65.

[50] 王彦辉,于彭涛,郭浩,等.北京官厅库区森林植被生态用水及其恢复[M].北京:中国林业出版社,2009.

[51] 王玉宽.黄土高原坡地降雨产流过程的试验分析[J].水土保持学报,1991,5(2):25-29.

[52] 魏宇昆,梁宗锁,王俊峰,等.黄土丘陵区不同立地条件沙棘水分特征与生物量研究[J].沙棘,2001,14(4):5-8.

[53] 吴险峰,刘昌明.流域水文模型研究的若干进展[J].地理科学进展,2002,21(4):341-348.

[54] 夏军,孙雪涛,丰华丽,等.西部地区生态需水问题研究面临的挑战[J].中国水利,2003,5(9):57-60.

[55] 肖文发,徐德应.森林能量利用与产量形成的生理生态基础[M].北京:中国林业出版社,1999.

[56] 熊立华,郭生练.分布式流域水文模型[M].北京:中国水利水电出版社,2004.

[57] 杨文治,邵明安.黄土高原土壤水分研究[M].北京:科学出版社,2000.

[58] 于贵瑞,王秋凤.我国水循环的生物学过程研究进展[J].地理科学进展,2003,22(2):111-117.

[59] 于澎涛.分布式水文模型的理论、方法与应用[D].北京:中国林业科学研究院,2001.

[60] 于占辉,陈云明,杜盛.黄土高原半干旱区人工林刺槐展叶期树干液流动态分析[J].林业科学,2009,45(4):53-59.

[61] 余新晓,张志强,陈丽华,等.森林生态水文[M].北京:中国林业出版社,2004.

[62] 张光灿,刘霞,赵玖.泰山几种林分枯落物和土壤水文效应研究[J].林业科技通讯,1999(6):28-29.

[63] 张汉雄,王万忠.黄土高原的暴雨特性及分布规律[J].水土保持通报,1983(1):35-44.

[64] 张志强,余新晓,赵玉涛,等.森林对水文过程影响研究进展[J].应用生态学报,2003,14(1):113-116.

[65] 张志强.森林水文:过程与机制[M].北京:中国环境科学出版社,2002.

[66] 赵鸿雁,吴钦孝,刘国彬.黄土高原人工油松林枯枝落叶层的水土保持功能研究[J].林业科学,2003,39(1):168-172.

[67] 赵文智,程国栋.生态水文研究前沿问题及生态水文观测试验[J].地球科学进展,2008,23(7):671-674.

[68] 周择福,李昌哲.北京九龙山不同立地土壤蓄水量及水分有效性的研究[J].林业科学研究,1995,8(2):182-187.

[69] 朱志龙.土壤水分消退规律分析[J].水文,1994(4):36-39.

[70] Abbott M B, Bathurst J C, Cunge J A, et al. An introduction to the European Hydrological System-Systeme Hydrologique Europeen, "SHE", 1: History and philosophy of a physically-based[J]. Distributed modelling system,1986(87): 45-59.

[71] Aken A O, Yen B C. Effect of rainfall intensit y no infilt ration and surface runoff rates [J]. Journal of Hydraulic Research ,1984,21(2): 324-331.

[72] Anderson M G. Hydrological Forecasting [M]. New York: John Wiley & Sons, 1985.

[73] Baird A J, Willby R L. Ecohydrology: Plants and water in terrestrial and aquatic environments[M]. London: Routledge, 1998:346-373.

[74] Bergkamp Ger. A hierarchical view of the interactions of runoff and infiltration with vegetation and microtopography in semiarid shrublands[J]. Catena,1998(33):201-220.

[75] Bonell M. Progress in the understanding of runoff generation dynamics in forests [J]. Journal of Hydrology,1993(150):217-275.

[76] Carlyle-Moses D E ,Price A G. An evaluation of the Gash interception model in a northern hardwood stand[J]. Journal of Hydrology,1999(214):103-110.

[77] Chang M. Forest hydrology: An introduction to water and forest[M]. New York: CRC Press,2006:1-4.

[78] Dunin. G. M. ,Connor D. J. Analysis of sapflow in mountain ash (Eucalyptus regnans) forests of different age[J]. Tree Physiol,1993(13): 321-336.

[79] Freeze R A, Harlan R L. Blueprint for a physically-based digitally-simulated hydrological response model [J]. Journal of Hydrology,1969(9):237-258.

[80] Gash J H C. An analytical model of rainfall interception in forests[J]. Q J R Meteorl Soc,1979(105): 43-55.

[81] Gunn R, Kinzer G D. The terminal velocity of fall for water droplets in stagnant Air[J]. Journal of Atmospheric Sciences,1949(6):243-248.

[82] Helalia A M. The relation between soil infilt ration and effective porosity in different soils[J], Agricultural Water Management,1993,24(8):39-47.

[83] Horton R E. An approach toward a physical interpretation of infiltration-capacity[J]. Soil Sci. Soc. AM. J,1940,5(3):399-417.

[84] Jhorar R K, van Dam J C, Bastiaanssen W. G. M. et al. Calibration of effective soil hydraulic parameters of heterogeneous soil profiles[J]. Journal of Hydrology,2004(285):233-247.

[85] Klaassen W, Bosveld F, de Water E. Water storage and evaporation as constituents of rainfall interception[J]. J Hydrol,1998,212-213:36-50.

[86] Lu P, Urban L, Zhao P. Granier's Thermal Dissipation Probe (TDP) Method for Measuring Sap Flow in Trees: Theory and Practice[J]. Acta botanica sinica,2004,46(6):631-646.

[87] Michaud J, Sorooshian S. Comparison of simple versus complex distributed runoff models on a midsized semiarid watershed[J]. Water Resources Research,1994(30):593-605.

[88] Philip J R. The theory of infilt ration about sorptivity and algebraic infiltration equations[J]. Soil Science,1957,84(4),257-264.

[89] Refagaard J C. Parameterization, calibration, and validation of distributed hydrological models[J]. Journal of Hydrology,1997(198):69-97.

[90] Robichaud P R. Fire effects on infiltration rates after prescribed fire in Northern Rocky Mountain forests, USA[J]. Journal of Hydrology,2000,231-232:220-229.

[91] Sinun W,Meng W W,Douglas I,et al. Throughfall,stemflow,overland flow and throughflow in the Ulu Segama rain forest [M]. Sabah:Malaysia,1992.

[92] Souchere V, Cerdan O. Incorporating Surface Crusting and its Spatial Organization in Runoff and Erosion Modeling at the Watershed Scale[C]. Selected papers from the 10th International Soil Conservation Organization Meeting held May 24 ~ 29, at Purdue University and the USDA-ARS National Soil Erosion Research Laboratory,1999.

[93] Tamai K, Abe T, Araki M,et al. Radiation budget, soil heat flux and latent heat flux at the forest floor inwarm, temperate mixed forest[J]. Hydrologic Processes,1998(6): 455-465.

[94] Valente F. Modelling interception loss for two sparse eucalypt and pine forest s in central Portugal using reformulated Rutter and Gash analytical models[J]. J Hydrol,1997(190):141-162.

[95] Wassen M J, Grootjans A P. Ecohydrology: an interdisciplinary approach for wetland management and restoration[J]. Vegetation,1996(126):1-4.

[96] Wilcox B P, Newman B D. Ecohydrology of semiarid landscapes[J]. Ecological Applications, 2005, 15 (3): 989-900.

[97] Williams D G. Ecohydrology of Water-Controlled Ecosystems: Soil Moisture and Plant Dynamics [J]. Eos, Transactions American Geophysical Union, 2005,86(38):344-351.

[98] Yue S, Hashino M. Unit hydrographs to model quick and slow runoff components of streamflow[J]. Journal of Hydrology,2000(227):195-206.

[99] Zalewski M. Ecohydrology—the scientific background to use ecosystem properties as management tools toward sustainability of water resources[J]. Ecological Engineering,2000(16):1-8.

[100] 朱显谟. 黄土高原地区植被因素对于水土流失的影响[J]. 土壤学报,1960,8(2): 110-121.

[101] 唐克丽,王斌科,郑粉莉,等. 黄土高原人类活动对土壤侵蚀的影响[J]. 人民黄河,1994,17(2):

13-16.

[102] Pan C Z,Shangguan Z P,Lei T W. Influences of grass and moss on runoff and sediment yield on sloped loess surfaces under simulated rainfall [J]. Hydrological Processes,2006,20(18):3815-3824.

[103] 余新晓,张晓明,武思宏,等. 黄土区林草植被与降水对坡面径流和侵蚀产沙的影响[J]. 山地学报,2006,24(1):19-26.

[104] 肖培青,姚文艺,申震洲,等. 苜蓿草地侵蚀产沙过程及其水动力学机理试验研究[J]. 水利学报,2011,42(2):232-237.

[105] Zhang X,Cong Z. Trends of precipitation intensity and frequency in hydrological regions of China from 1956 to 2005[J]. Global and Planetary Change,2014(117):40-51.

[106] 张光辉,梁一民. 黄土丘陵区人工草地径流起始时间研究[J]. 水土保持学报,1995,9(3):78-83.

[107] 袁建平,蒋定生,甘淑. 影响坡地降雨产流历时的因子分析[J]. 山地学报,1999(3):68-73.

[108] 张强,郑世清,田风霞,等.黄土区土质道路人工降雨及放水试验条件下产流产沙特征[J].农业工程学报,2010,26(5):83-87.

[109] 罗伟祥,白立强,宋西德,等.不同覆盖度林地和草地的径流量与冲刷量[J].水土保持学报,1990(1):30-35.

[110] 姚文艺,肖培青,申震洲,等. 坡面产流过程及产沙临界对立地条件的响应关系[J]. 水利学报,2011,42(12):1438-1444.

[111] Horton R E. Surface runoff Phenomena [M]. Horton Hydro,Lab. Pub. 101,Ann Arbor,Miehigan:1935.

[112] Fahey B D. Throughfall and interception of raifall in a stand of radiata pine[J]. Journal of hydrology(N. Z.), 1964(3):17-26.

[113] 史立新,彭培好. 长江防护林(四川段)初级水土保持效益研究[J]. 水土保持通报,1997,6(6):14-22.

[114] 卫正新,李树怀,高平.不同林地林冠截留降雨特征的研究[J].山西水土保持科技,1991(1):29-31.

[115] 杨新民,杨文治.灌木林地的水分平衡研究[J].水土保持研究,1998(1):109-118.

[116] 侯喜禄,曹清玉.陕北黄土丘陵沟壑区植被减沙效益研究[J].水土保持通报,1990(2):33-40.

[117] 周佩华,刘炳武,王占礼,等.黄土高原土壤侵蚀特点与植被对土壤侵蚀影响的研究[J].水土保持通报,1991(5):26-31.

[118] 李钦禄.不同类型植被的水土保持与涵养水源能力的探讨——以小良热带人工林为例[J].亚热带水土保持,2009,21(4):31-33.

[119] 赵护兵,刘国彬,曹清玉.黄土丘陵沟壑区不同植被类型的水土保持功能及养分流失效应[J].中国水土保持科学,2008(2):43-48.

[120] 赵护兵,刘国彬,曹清玉.黄土丘陵区不同植被类型对水土流失的影响[J].水土保持研究,2004(2):153-155.

[121] 李勉,姚文艺,杨剑锋,等.草被覆盖阻延坡面流作用试验研究[J].水土保持学报,2007,21(1):30-34.

[122] 孙佳美,余新晓,樊登星.模拟降雨条件下黑麦草对土壤水分入渗的影响[J].土壤,2014,46(6):1115-1120.

[123] Ogunlela A O,Makanjuola M B. Hydraulic roughness of some african grasses[J]. Journal of Agricultural Engineering Research,2000,75(2).

[124] 潘成忠,上官周平.降雨和坡度对坡面流水动力学参数的影响[J]. 应用基础与工程科学学报,

2009,17(6):843-851.

[125] Beven K J. Changing ideas in hydrology—the case of physically based models[J]. Journal of Hydrology,1989(105):157-172.

[126] Kim J,Ivanov V Y,Katopodes N D. Hydraulic resistance to overland flow on surfaces with partially submerged vegetation[J]. Water Resources Research,2012,48 (10).

[127] Lawrence D S L. Hydraulic resistance in overland flow during partial and marginal surface inundation: Experimental observations and modeling[J]. Water Resources Research,2000,36(8):2381-2393.

[128] 杨春霞,王丹,王玲玲,等.草被覆盖度对坡面流水动力学参数的影响[J].中国水土保持,2008(9):36-38,60.

[129] 李勉,姚文艺,杨剑锋,等.草被覆盖对坡面流流态影响的人工模拟试验研究[J].应用基础与工程科学学报,2009,17(4):513-523.

[130] 李勉,姚文艺,陈江南,等.草被覆盖对坡面流流速影响的人工模拟试验研究[J].农业工程学报,2005(12):43-47.

[131] 王玲玲,姚文艺,申震洲,等.草被覆盖度对坡面流水力学参数的影响及其减沙效应[J].中国水土保持科学,2009,7(1):80-83.

[132] 肖培青,姚文艺,申震洲,等.草被覆盖下坡面径流入渗过程及水力学参数特征试验研究[J].水土保持学报,2009,23(4):50-53.

[133] 李毅,邵明安.草地覆盖坡面流水动力参数的室内降雨试验[J].农业工程学报,2008(10):1-5.

[134] 张宽地,王光谦,孙晓敏,等.模拟植被覆盖条件下坡面流水动力学特性[J].水科学进展,2014,25(6):825-834.

[135] 孙佳美,余新晓,樊登星,等.模拟降雨下植被盖度对坡面流水动力学特性的影响[J].生态学报,2015,35(8):2574-2580.

[136] 李鹏,崔文斌,郑良勇,等.草本植被覆盖结构对径流侵蚀动力的作用机制[J].中国水土保持科学,2006,4(1):55-59.

[137] 韦红波,李锐,杨勤科.我国植被水土保持功能研究进展[J].植物生态学报,2002,26(4):489-496.

[138] 徐宪立,马克明,傅伯杰,等.植被与水土流失关系研究进展[J].生态学报,2006,26(9):3137-3143.

[139] 王光谦,张长春,刘家宏,等.黄河流域多沙粗沙区植被覆盖变化与减水减沙效益分析[J].泥沙研究,2006(2):10-16.

[140] Chatterjea K. The impact of tropical rainstorms on sediment and runoff generation from bare and grass-covered surfaces:a plot study from Singapore[J]. Land Degradation and Development,1998,9(2):143-157.

[141] 孙昕,李德成,梁音.南方红壤区小流域水土保持综合效益定量评价方法探讨[J].土壤学报,2009,46(3):373-380.

[142] Zhou Z C, Shangguan Z P. Effect of ryegrasses on soil runoff and sediment control [J]. Pedosphere,2008,18(1):131-136.

[143] 朱冰冰,李占斌,李鹏,等.草本植被覆盖对坡面降雨径流侵蚀影响的试验研究[J].土壤学报,2010,7(3):401-407.

[144] 张光辉,梁一民.论有效植被盖度[J].中国水土保持,1996(5):28,46,62.

[145] 王晗生,刘国彬.植被结构及其防止土壤侵蚀作用分析[J].干旱区资源与环境,1999,13(2):62-68.

[146] 孙佳美,樊登星,梁洪儒,等. 黑麦草调控坡面水沙输出过程研究[J]. 水土保持学报,2014,28 (2):36-44.

[147] 吕锡芝. 北京山区森林植被对坡面水文过程的影响研究[D].北京:北京林业大学,2013.

[148] Best Ac. The size distribution of rain drops[J]. Quarterly Journal of the Royal Meteorokogical Society, 1950,76(327):16-36.

[149] 吴普特.黄土区土壤抗冲性研究进展及亟待解决的若干问题[J].水土保持研究,1997(S1): 59-66.

[150] 吴发启,范文波. 土壤结皮对降雨入渗和产流产沙的影响[J]. 中国水土保持科学,2005(2):97- 101.

[151] 张会茹,郑粉莉. 不同降雨强度下地面坡度对红壤坡面土壤侵蚀过程的影响[J]. 水土保持学报, 2011,25(3):40-43.

[152] 陈洪松,邵明安,张兴昌,等.野外模拟降雨条件下坡面降雨入渗、产流试验研究[J].水土保持学 报,2005(2):5-8.

[153] 吴普特,周佩华,武春龙,等. 坡面细沟侵蚀垂直分布特征研究[J].水土保持研究,1997(2): 47-56.

[154] 吕锡芝,康玲玲,左仲国,等.黄土高原吕二沟流域不同植被下的坡面径流特征[J].生态环境学 报,2015,24(7):1113-1117.

[155] 汤立群,陈国祥.小流域产流产沙动力学模型[J].水动力学研究与进展(A 辑),1997(2):164- 174.

[156] Zingg A W. Degree and length of land slope as it affects soil loss in run-off[J]. Agric Engng,1940,21 (2):59-64.

[157] Singer M J, Blackard J. Slope Angle-Interrill soil loss Relationships for Slopes up to 50%[J]. Soil Science Society of America Journal,1982,46(6):1270-1273.

[158] 陈法扬.不同坡度对土壤冲刷量影响试验[J].中国水土保持,1985(2):20-21.

[159] 李鹏,李占斌,郑良勇. 黄土坡面径流侵蚀产沙动力过程模拟与研究[J].水科学进展,2006(4): 444-449.